数字的秘密生活

最有趣的50个数学故事

- 乔治·G·斯皮罗 著
- 郭婷玮 译

上海科技教育出版社

The Secret Life of Numbers

So Easy Pieces on How Mathematicians Work and Think

图书在版编目(CIP)数据

数字的秘密生活:最有趣的50个数学故事/(美)乔治·G·斯皮罗著;郭婷玮译. —上海:上海科技教育出版社,2017.8(2024.8重印)

书名原文:The Secret Life of Numbers
ISBN 978-7-5428-6602-8

Ⅰ.①数… Ⅱ.①乔…②郭… Ⅲ.①数学—普及读物 Ⅳ.①O1-49

中国版本图书馆CIP数据核字(2017)第184648号

前言

每当有社会名流在鸡尾酒会上,以背诵几句不知名诗词来炫耀才气时,旁人都会认为他饱读诗书、充满智慧。然而,引述数学公式就没有这种效果,顶多只能招来一些怜悯的眼光,以及"酒会第一号讨厌鬼"的封号。面对鸡尾酒会上点头表示同意的人群,大多数旁观者都会承认自己的数学不好、从来就没好过、将来也不会变好。

这真是让人感到讶异!想象你的律师告诉你他不擅长拼写,你的牙医骄傲地宣布她不会讲外语,财务管理顾问很高兴地承认他老是分不清伏尔泰(Voltaire)和莫里哀(Molière)。你大有理由认为这些人无知,但数学却不是这样,所有人都能接受对于这门学科的无知与短缺。

我已将纠正此种情况视为己任。本书包含了过去3年间,我为瑞士《新苏黎世报》(*Neue Zürcher Zeitung*)以及《新苏黎世报星期日增刊版》(*NZZ am Sonntag*)所写的数学短文。我一如既往希望让读者不仅了解这门学问的重要性,也能欣赏它的美丽与优雅。我也没有忽视时常有点怪里怪气的数学家们的趣闻与生平,在可能的范围之内,尽量让读者了解相关的理论与证明,数学的复杂性不应该被隐藏或夸大。

无论这本数学书或我的数学新闻工作者生涯,都不是依线性演变的。我在苏黎世的瑞士联邦理工学院攻读了数学与物理,之后换了几个工作，最后成为《新苏黎世报》派驻耶路撒冷的记者。我的工作是报告中东最新情势，但我最初对数学的热爱却从未降温，当一个有关对称性的会议在海法举办时，为了报道这场聚会，我说服我的编辑派我前往以色列北边的海法，结果这篇文章成为我为这家报社所写过的最佳报道（它几乎和搭乘豪华邮轮沿着多瑙河到达布达佩斯的旅程一样棒，但那是题外话）。自那之后，我就断断续续地撰写以数学为主题的文章。

2002年3月，我得到了一个机会定期地利用我对数学的兴趣。我在《新苏黎世报星期日增刊版》开了一个每月专栏，名叫"乔治·斯皮罗（George Szpiro）的小小乘法表"。我很快就发现，读者的反应比预期要好。记得早期专栏中，有一次我把一位数学家的生日写错了，结果招来将近24封读者信，从语带嘲讽到暴跳如雷都有。一年之后，我有幸获得一份殊荣，瑞士科学院将2003年度媒体奖颁给我的专栏。2005年12月，伦敦皇家学会提名我参加欧盟笛卡儿科学传播奖的决选。

我要感谢在苏黎世的编辑——迈耶—鲁斯特（Kathrin Meier-Rust）、希尔斯坦（Andreas Hirstein）、斯派克（Christian Speicher）与贝迟翁（Stefan Betschon），感谢他们的耐心与知识丰富的编辑成果。感谢在伦敦的姐姐伯克（Eva Burke）勤奋地帮我翻译这些文章，还有华盛顿特区约瑟夫亨利出版社（Joseph Henry Press）的罗宾斯（Jeffrey Robbins），他将我的手稿变为一本我所期望的有趣的书，即使内容是关于一般常人认为比骨头还硬的学科。

乔治·斯皮罗

耶路撒冷，2006年春

目录

- 1 第一章 历史花絮
- 3 1 闰年的故事
- 7 2 世界末日快要到了吗?
- 10 3 老师们的人间天堂
- 13 4 天才最多也最麻烦的家族
- 17 第二章 尚未解开的数学猜想
- 19 5 价值百万美元的猜想
- 22 6 陷入正名风波的猜想
- 26 7 亲友众多的猜想
- 29 8 数学家的名利难题
- 33 第三章 已解开的数学问题
- 35 9 铺砖工人也想知道的问题
- 39 10 难解的单纯等式问题
- 43 11 无穷数列有时尽
- 46 12 计算机算出来的数学证明?
- 51 13 庞加莱猜想被解开了吗?
- 55 第四章 性情中人
- 57 14 天才数学家的悲剧礼赞
- 61 15 不支薪的教授

64　16 火星来的天才

69　17 几何学大复活

72　18 智慧,并不比天气复杂?

78　19 幻想工程部的副总裁

83　20 被降级的退休数学教授

88　21 永久客座教授的数学大师

93　第五章　具体与抽象

95　22 魔术师的"结"

99　23 怎样绑鞋带最省力?

104　24 失之毫厘,差之千里

108　25 不愿面对的真相

111　26 俄罗斯方块的数学秘密

114　27 群、大魔群与小魔群

118　28 费马的错误猜想

121　29 突变理论大滥用

124　30 一点都不简单的简单方程式

127　31 不对称的奇迹之美

130　32 真正随机的随机数

134　33 确认素数工程浩大

137　第六章　跨学科集锦

- 139　34 法官判案是否公正？
- 142　35 选举席位分配真能公平吗？
- 148　36 一块钱值多少？
- 151　37 这篇文章是谁写的？
- 156　38 自然界有哪些数学秘密？
- 160　39 改正英文错字
- 163　40 无法计算出长度的围墙
- 166　41 为什么雪花总是六角形？
- 169　42 沙堡什么时候会崩塌？
- 172　43 为什么总是打不到苍蝇？
- 174　44 交易菜鸟活络市场效率
- 177　45 网络服务器的摇尾舞
- 180　46 谁扰乱股市？
- 182　47 量子计算机决定数据加密成败
- 186　48 股市致胜再简单不过？
- 189　49 侮辱使人不理性？
- 192　50《圣经》密码

第一章

历史花絮

有趣的数学故事:

◎为什么会有闰年?原来是一年的长度多了点!

◎信不信由你,牛顿曾经算出世界末日是哪一天!

◎如果要找一个老师的天堂,那肯定是苏黎世!

◎你知道谁是历史上最著名的数学天才家族?

1 闰年的故事

◆ **摘要**：现在每年精确的平均长度是365.2425天。不过,你可知道,这又稍稍太长了一点?

2004年初,这个世界发生了每个世纪只会出现4次的现象:2月出现5个星期天。这种事要经过7次闰年才会遇到一次,也就是说,每28年发生一次。前一次是在1976年,而下一次则要等到2032年。

人们发现闰年总有不少奇异特征,例如天文学家早就观察到,两个春分之间的间隔时间是365天5小时48分又46秒,即365.242 199天,相当接近365.25天,这算是个还不错的近似值。

1世纪中期,古罗马的恺撒大帝(Julius Caesar, 公元前100—公元前44)引进了此后以他的名字命名的历法:每年有365天,每隔三年之后接一个闰年,闰年会比其他年份多一天。因此,之后的1500年间,每年的平均长度为365.25天。

但是在16世纪末,天主教人士再也无法忍受每年高达11分又14秒的误差,而且梵蒂冈的顾问算出,在1000年内,累积的年度误差会高达整整8天。因此,他们认为再这样下去,12 000年后的圣诞节会出现在秋天,复活节则要在1月庆祝,所以从长远来看,教廷无法接受这种误差。

罗马教皇格里高利十三世(Pope Gregory XIII, 1502—1585)经过长久的思考之后,终于得到一个结论:恺撒大帝所订出的年(Julian year,通称儒略年)显然太长了。

为了弥补这个误差,教皇决定调整历法,并跳过几个闰年:删除第25个闰年时原本由恺撒加上去的那一天。①因此,每个世纪的最后一年(也就是可以被100除尽的那年),其2月只有28天(尽管它本来应该是个闰年)。这个删除了2月最后一天的年份,被重新命名为世纪平年(lop leap year)②。于是每个世纪就会有75个有365天的平年,24个有366天的闰年,还有一个365天的世纪平年,所以平均一年的长度是365.24天。

不过,这样的一年还是短了一点,虽然微乎其微,但就是短那么一点。要求更进一步调整的呼声于是出现了,教皇和他的顾问因此又开始绞尽脑汁,得出了另一个结论:在每4个世纪平年里再多插进一天。如此一来,循环总算大功告成,而能够被400除尽的年度就是世纪闰年(loop lop leap year)③。因为在当时,1600年即将来临,所以1600年便被称为第一个世纪闰年,而下一个则是公元2000年。

因此,现在每年精确的平均长度是365.2425天(3个世纪年平均长度为365.24天,一个世纪的年平均长度为365.25天)。不过,你可知道,这又稍稍太长了一点?

---

① 1582年,格里高利十三世根据意大利医生利尤斯(Aloysius Lilius)提出的方案,对儒略历作了修正,即为我们现在使用的公历,也称为格里历(Gregorian calendar)。——译者

② 英文中lop有砍、删除之意,lop leap year即砍掉的闰年。——译者

③ loop意为循环、绕圈。——译者

但教皇格里高利十三世已经受够了，没有再修正或调整的打算，甚至连善于长期规划的教会也不打算更进一步地……吹毛求疵。事实上，每年26秒的误差，即使每过3322年，累积起来也不到一天。

好了，我们现在已经处理完历法中的未来误差，不过恺撒大帝颁布其历法后的1500年间，累积的误差又该如何处理呢？幸好教皇格里高利十三世的智慧巧妙地解决了这个问题：他直接在1582年中删除10天。这项壮举对罗马教廷还有额外益处：这是个向全世界统治者展示权威的机会，让他们知道谁才是老大。所以1582年10月4日（星期四）的隔天，大多数天主教国家就直接跳到10月15日（星期五）。

但是非天主教国家完全没有遵守教皇命令的意愿。例如，英国及其殖民地（包括美国）直到1752年才从日历中拿掉了11天；俄国直到"十月革命"后才删除多余的日子，因此必须删掉13天才够，后续所产生的复杂结果是，俄国的"十月革命"[①] 实际上是发生在1917年11月。

没有人知道这样是否就能尽善尽美，或是将来要如何收场。即使自从教皇格里高利十三世调整历法后一切运转顺利，400年后还是出现了崩盘的威胁。

科技大幅进步，现在的原子钟在测量时间的精确度上可以达到10^{-14}，这相当于每300万年的误差不超过1秒。由于出现了这种测量精确度，使得每年多余的26秒变得难以忍受，因此，笔者想提出一项更进一步的调整：每8个世纪闰年就删除一天。

[①] 俄国的十月革命发生于1917年11月6日，并于次日（11月7日）推翻了沙皇的统治。——译者

如此，每过3200年，2月将再度只有28天，而这也是调整回合中的最后一步，我们称该特殊年为双重世纪平年(lap loop lop leap year)①。经过微调，平均一年的长度是365.242 188天。依据煞费苦心的计算结果，第一个双重世纪平年将会在4400年来临，所以我们还有很长的时间来深思熟虑。平均年长度虽然还是少了1秒，但要花86400年，误差的累积才会达到一天。这种细微的差异，即使是最严苛的数学家及教会人士也都可以大步走(lope)……呃，我的意思是说，忍受(cope)。

① lap意为围绕、重叠。——译者

2 世界末日快要到了吗？

◆ **摘要**：牛顿预测世界末日应该在1867年出现；不过，我们可以肯定，那一年世界没有毁灭。不过他还说，从现在起大约再过半个世纪，这个世界就会结束。

我们都知道牛顿（Isaac Newton）是17、18世纪最杰出的科学家与数学家，他被称为物理学之父，也是万有引力定律的发现者。但他真的如同我们所想象的，是个理性的思想家吗？差得远了！事实显示，牛顿也是个致力于《圣经》研读的基本教义派，他曾写过超过100万字的《圣经》相关文章。

牛顿的目的在于阐释万事万物都有上帝的神秘旨意。依据这位伟大科学家的说法，这些信息都藏在《圣经》之中，而牛顿尤其想找出世界末日会在何时降临的秘密。他坚信基督将会重回人世，并且在地球上建立一个千年神国，而他，牛顿，将以圣徒之一的身份统治世界。不过，牛顿将数千页关乎宗教思想与计算的文件隐藏了大约半世纪之久。

300年后，也就是2002年末，加拿大哈利法克斯国王学院的科学史专家斯诺贝伦(Stephen Snobelen),从一大堆手稿中发现了一份重要文件。而且这堆手稿已经在朴次茅斯公爵(Duke of Portsmouth)的家中存放了超过200年。不过在1936年之前,一般大众都无缘目睹,直到那年它们出现在苏富比拍卖会。

该批收藏被犹太学者及收藏家耶胡达(Abraham Yehuda)购入,他是伊拉克闪语①教授。临终前,他将这批收藏留给以色列国立犹太图书馆,从此它们就在耶路撒冷的希伯来大学的档案柜中蒙尘。

当斯诺贝伦看到这些手稿时,刚好瞄到一张纸,在这张纸上,牛顿已经算出了《新约·启示录》上所说的世界末日年份,即2060年。牛顿依据精确的计算过程得出了这一结果。读完《旧约·但以理书》第7章第25节②及《新约·启示录》后,这位物理学家得到一个结论:3年半代表一个关键的时段。数学家为了方便,以一年360天为基数,所以3年半就代表1260天,用年取代日后,这位卓越的《圣经》研究者很容易就归纳出,世界会在特定起始日的1260年后结束。

所以,现在的问题变成是:起始日是哪一天?

牛顿有几个日子可以选择,那些都与他极端厌恶的天主教教义有关。牛顿代表性传记作者韦斯特福尔(Richard Westfall,1924—1996)指出,牛顿挑选607年作为关键日期,是因为那一年福卡斯大帝(Emperor Phocas)赠予伯尼法提乌斯三世(Bonifatius III)"所有基督教徒的教宗"(Pope Over All Christians)头衔,这项法令等

---

① 古时美索不达米亚、叙利亚、巴勒斯坦和阿拉伯地区民族的日常用语。——译者

② 此节经文为"他必向至高者说夸大的话,必折磨至高者的圣民,必想改变节气和律法。圣民必交付他手一载、二载、半载"。——译者

于是将罗马提升为"教会之首"（caput omnium ecclesarum）。果然值得作为世界末日的起算点！

因为607+1260=1867，所以牛顿预测世界末日应该在1867年发生；不过，我们可以肯定，那一年世界没有毁灭。

牛顿已经为这个问题准备好退路。那位加拿大教授在耶路撒冷进行研究时，还碰到了公元800年这个年份。该年在历史上也是关键性的一年，因为圣诞节那天，教皇莱奥三世（Pope Leo III）在罗马圣彼得大教堂为查里曼大帝（Charlemagne）加冕，正式为神圣罗马帝国揭开序幕。800年加上1260年就等于2060年。从现在起，大约再过半个世纪，这个世界就会结束。证明完毕！

如果某些读者读到最后这几行，开始觉得有点不安，不妨先放轻松喘口气，因为牛顿还有另一个退路。依据这位卓越物理学家更深入的计算，世界末日还可能再延后，最晚要到2370年才会来临。

3 老师们的人间天堂

◆ **摘要**：在那儿，随时都可能有学生迟到，通常占一班学生的1/3，另外1/3则根本不出现……

苏黎世的教授们可能不太清楚他们有多幸运，不过，一位受邀至苏黎世大学讲学的客座教授可以大声证实，在那个城市中教学可说宛如天堂。

一踏进讲堂，仿佛黄金时光破晓，一尘不染的黑板闪烁着愉快的期待，盒子里装满全新的粉笔，洗手槽（还供应冷热水）上有干净的海绵等着派上用场，另外还有经过特殊设计、类似雨刷的新玩意儿可以把黑板一举擦干净。一旁的挂勾吊着一条刚洗烫过的方巾，在用海绵和雨刷擦过黑板之后，就用它来为黑板恢复原来的耀眼光彩，而两部投影仪旁边则摆放着排列整齐的彩色粗头笔。

被高级设备包围的讲学者，不禁沮丧地回想起远方家乡的大学。在那儿，讲学者必须在上课前先自行整理好拉拉杂杂的教材，顺便再拿一些卫生纸，以便黑板不干净时可以拿来擦一擦，至少在黑板写满字时也可以保有一小块空白的地方。若是需要投影仪，必须先向教务处申请，运气好的话，会有一台怪里怪气的东西可用。出具了特殊格式的单据后，讲学者才能使劲地把这个东西拖过漫长的走廊，途中它的外接线还不时缠到脚。讲完课，这个怪物又好像变得更重了，得再拖回教务处⋯⋯

在苏黎世，如果教授需要使用装有特殊软件的计算机来进行实时模拟，那么他不必安排班级到计算机教室上课，而是由友善的"教室技工"负责。这位技工会穿着整洁的工作服，将一台前晚就已安装好所需软件的计算机推进讲堂，分秒不差，再把计算机连结上投影仪，并将遥控器交给讲学者。放心，鼠标和键盘也都准备齐全。

在这里，好像连难以克服的障碍都可以轻易解决。例如，预定要播放影片的一小时前，演讲者忽然发现录像带的规格是欧洲不通行的NTSC①系统，当他绝望焦急地冲到教室技工中心时，幸好那儿有个好似小精灵的苏黎世人耐心为他解释：首先，NTSC有两种版本；其次，投影仪适用于这两种规格；还有第三，为了以防万一，讲堂里会架设两种规格均兼容的机器。

开始放映影片前，教室技工为演讲者简单说明如何操作黑板旁边墙面上的工具面板，对不熟悉的人来说，那个面板看起来大概就像是波音747飞机驾驶舱的仪表板。所有灯光的开关与调节、投影仪的开关、录像机与计算机的操作，都可以借由这个战略指挥点全盘控制。即使有这么多预防措施，如果还是发生了不如人意的事，只要马上打个电话给教室技工中心，一切就没事了，而且每层楼的每条走廊都有电话可使用，只要短短几分钟，就会有一个熟练

---

① National Television Standards Committee 的缩写，美国国家电视标准委员会所制定的电视通信标准；另外常见的还有PAL及SECAM两种规格。——译者

又和善的先生到达现场,为演讲者解决所有问题。

讲堂里的座位安排当然可以因不同要求而随时变动。如果社会学家想要开展分组活动,也能够将桌椅排得彼此更靠近;但在下一堂课前的休息时间,教室技工就会把桌椅重新排整齐,等上课铃一响,所有桌椅又回到适当的位置。

不言而喻,学生在每堂课开始之前就已经准备就绪,如果有学生因为偶然迟到而面红耳赤地道歉,那就会再度勾起演讲者痛苦的家乡回忆。不过,在苏黎世,却随时都可能有学生迟到,通常占一个班级学生的 1/3 左右,另外 1/3 则根本不出现,迟到的学生骄傲地走进教室,坐下前还不忘先向左右的同学打声招呼,最惨的是,一旦他们觉得讲课内容太无聊,立刻就会开始翻开报纸,看看那天有什么重要新闻。

4 天才最多也最麻烦的家族

◆ **摘要**:很不幸地,这些来自巴塞尔的先生们因为太聪明了,所以傲慢又自大,不断陷入敌对、嫉妒与公开的争吵之中。

伯努利(Daniel Bernoulli, 1700—1782)可说是历史上最著名的数学家之一,自他去世已经过去了两个多世纪。提到伯努利这个姓氏时,必须先指明是哪一个伯努利,因为这个来自瑞士巴塞尔(Basel)的家族,在短短3代人中,就出现了8位杰出的数学家。由于这个家族的成员一再使用相同的名字,因此必须建立一套编号系统来辨识父亲、兄弟、儿子与堂亲。

首先,由雅各布第一(Jakob Ⅰ)和弟弟约翰第一(Johann Ⅰ)开始(第三个兄弟尼古劳斯(Nikolaus)是艺术家,因此不需编号),下一代是尼古劳斯第一(Nikolaus Ⅰ)及约翰第一的3个儿子:尼古劳斯第二(Nikolaus Ⅱ)、丹尼尔(Daniel)与约翰第二(Johann Ⅱ)。最后,约翰第二的两个儿子,依循他们伟大祖先的脚步,分别叫做约翰第三(Johann Ⅲ)及雅各布第二(Jakob Ⅱ)(由于约翰的第二个儿子丹尼尔只当到巴塞尔大学(University of Basle)的副教授,因此不需编号,这也是为什么他著名的同名叔叔不需要号码的原因)。

伯努利家族与牛顿、莱布尼兹(G. W. Leibniz, 1646—1716)、欧拉(Leonhard Euler, 1707—1783)、拉格朗日(Joseph-Louis Lagrange, 1736—1813)等人,称霸了17世纪与18世纪的数学界及物理学界。该家族成员的兴趣包括:微积分、几何学、力学、弹道学、热力学、流体力学、光学、弹性学、磁学、天文学及概率论等不同学科。瑞士国家基金已经赞助雅各布第一、约翰第一与丹尼尔的全集编辑工作达30多年之久,完整版本将有24巨册,另外15册,包括他们的8000封信件选辑,将随后出版。

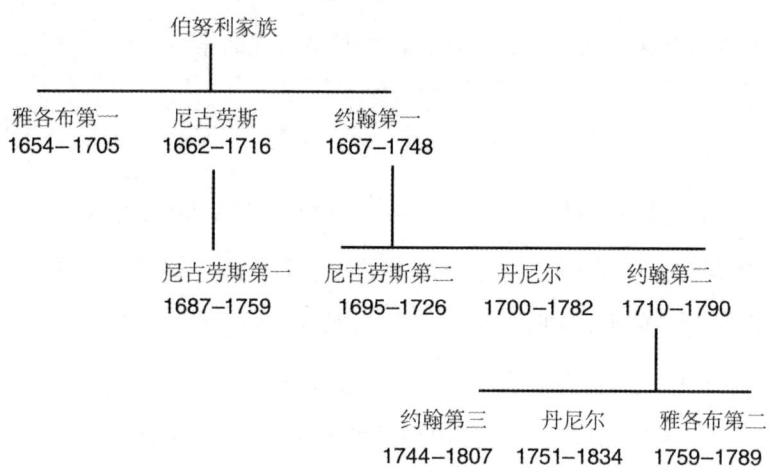

很不幸,这些来自巴塞尔的先生们因为太聪明了,所以傲慢又自大,不断陷入敌对、嫉妒与公开的争吵之中。事实上,刚开始一切都如诗画般美好,雅各布第一靠着自学获得了丰富的自然科学知识,并在巴塞尔大学教授实验物理学,同时悄悄地将自己的弟弟引领进数学的奥妙里。然而,这个举动严重违背了双亲的意志,自从大儿子不愿按照他们的安排从事神职之后,他们一直想让小儿子踏进商界。

很快地，这两个天才兄弟之间的和谐就转变为剧烈的争执，争吵的开端起因于雅各布第一受不了约翰第一不断自吹自擂，并且公开宣称他以前的一个学生抄袭了他的研究成果。接下来，雅各布第一（那时已经是巴塞尔大学数学系教授）顺利将自己的弟弟秘密地排除在数学系门外，所以在最终得到巴塞尔大学的……古希腊文教授职位聘书前，约翰第一只好到荷兰的格罗宁根大学任教。但命运还是插了一手，正当约翰第一准备出发到自己的出生地时，却传来雅各布第一过世的消息，于是这位不十分悲恸的弟弟终于得到了巴塞尔大学的数学教授职位。雅各布第一最重要的著作《猜度术》（Ars Conjectandi）在其死后才出版，但却是现今概率论的基础。

别以为约翰第一从这个令人悲伤的故事中学到了教训，在教育自己的儿子时，他也犯了与他的父亲先前犯的同样错误。约翰认为做数学家难以填饱肚子，强迫3个儿子中最聪明的丹尼尔从商。不过当这个企图失败后，他只准许儿子学医，避免儿子成为自己的竞争对手。不过约翰第二仿效哥哥丹尼尔的做法，一边念医学，一边跟大哥尼古劳斯第二学数学。到了1720年，丹尼尔前往威尼斯担任内科医师，然而他的内心还是属于物理学和数学。停留威尼斯期间，他也在这些领域建立了崇高的声誉，彼得大帝（Peter the Great, 1672—1725）①甚至授予他圣彼得堡科学院的一个教授职位。

1725年，丹尼尔与哥哥尼古劳斯第二一同前往俄罗斯帝国首都，尼古劳斯第二也被授予圣彼得堡科学院的数学教授职位。他们在一起的时间并不长，抵达俄国后还不到8个月，尼古劳斯第二

---

① 俄国沙皇，1682年至1696年与异母兄弟伊凡五世（Ivan V）共掌朝政，1696年至1725年单独掌权，结束了俄国被莫斯科政权统治以来的黑暗时期，并带领俄国进入文明新时代。——译者

发高烧病逝。幸好丹尼尔比他的父亲更有家庭观念，对兄长的去世非常伤心，想回巴塞尔，但约翰第一却不想让儿子回家，所以遣送了他的一个学生到圣彼得堡陪伴丹尼尔。这又是个极端幸运的巧合，因为这位学生正好是欧拉，他是当时在数学天分上唯一能与伯努利家族相匹敌的人。这两位离乡背井的瑞士数学家发展出亲密的友谊，他们一起呆在圣彼得堡的6年，是丹尼尔一生创造力最旺盛的时期。

当丹尼尔回到巴塞尔后，他的家族却重启战火。当时，丹尼尔和其父亲共同以一篇天文学论文赢得巴黎科学院的奖赏，不过，约翰第一的表现一点也不像个自豪的父亲，反而把儿子踢出家门。事实上，丹尼尔一生共获得9次学术界的最高奖赏，但更糟的还在后面，1738年，丹尼尔发表了他的旷世巨著《流体力学》(*Hydrodynamica*)。约翰第一读过该书后，赶紧写了一本名为《水力学》(*Hydraulica*)的著作，并把日期标为1732年，宣称自己才是流体力学的发明人。然而，这项剽窃行为很快就被揭发，约翰第一遭到同侪嘲笑，他的儿子则一直无法从这个打击中恢复。

第二章

尚未解开的数学猜想

有趣的数学故事:

◎有哪个数学猜想曾经悬赏百万美元,却无人能破?

◎为何科拉茨的猜想,曾换过这么多名字,又有多人声称是问题的创始者?

◎研究素数的数学家,为什么能抓出英特尔奔腾微处理器芯片的瑕疵?

◎数学家可能因为一个大发现而成为明星人物吗?

5 价值百万美元的猜想

◆ **摘要**：一个物体是否可以在拉长、压扁或旋转后，不必经由撕裂、粘合等动作，就变形为另一个不同物体？如果可以，是否所有没把手的东西都与球体相等？

庞加莱（Henri Poincaré 1854—1912）是过去两个世纪来最著名的法国数学家。与同时代的德国数学家希尔伯特（David Hilbert, 1862—1943）一样，庞加莱不仅深入了解数学的各个领域，而且在所有这些领域里的表现也十分活跃。不过，在庞加莱与希尔伯特之后，数学的范畴变得十分浩瀚，每个人都只能理解其中一小部分。

庞加莱有一个最广为人知的问题，也就是今天所谓的"庞加莱猜想"，这个问题已经困扰并挑战了好几代数学家。2002年春天，南安普敦大学的邓伍迪（Michael Dunwoody）相信（虽然只维持了几星期），他已经成功地解决了庞加莱猜想的证明。

由于解开庞加莱猜想相当重要，因此克雷数学研究所将这个问题列为七个千年难题之一，第一个解出其中任何一个问题的人可以获得100万美元奖金。事实上，这个奖金委员会认为，至少要数十年后才有办法颁发出第一个奖项;不过公布问题的两年后,似乎就出现了克雷基金会的第一位得奖者。可是,邓伍迪的证明的正确性引起了广泛的质疑,并最后证实,质疑者的理由相当充分。

庞加莱猜想属于拓扑学领域。简言之,这个数学分支研究的是:一个物体是否可以在拉长、压扁或旋转后,不必经由撕裂、粘合等动作,就变形为另一个不同的物体。例如,皮球、鸡蛋、花盆在拓扑学里都可认为是等价的,因为其中任何一个物体均可以不经过任何"非法"行动变形为其他任何一个东西;但另一方面,皮球与咖啡杯则是不等价的,因为杯子有把手,皮球如果不钻洞就无法变形成杯子。因此,皮球、鸡蛋、花盆被称为"单连通的",而杯子、面包圈或椒盐脆饼则正好相反。由于庞加莱不想从几何角度来探讨这个问题,而是改由代数着手解决,于是他成为了"代数拓扑学"的始祖。

1904年,庞加莱提出一个问题:是否所有没把手的东西都与球体等价?在二维空间里,这个问题可以参照鸡蛋、咖啡杯及花盆表面,然后回答:是的(例如,足球的表面或面包圈的表面都是飘在三维空间中的二维物体)。但对于四维空间中的三维表面,答案则还不清楚,尽管庞加莱倾向相信是这个答案,但他无法证明这个观点。

相当有趣的是,其后几十年间,数学家就已经证明出了四维以上空间中关于物体等价的庞加莱猜想。这是因为较高维度的空间更为自由,所以数学家要证明庞加莱猜想比较简单。例如,剑桥大学的齐曼(Christopher Zeeman)1961年加入竞赛,证明出五维空间中物体的庞加莱猜想;同一年,来自加州大学伯克利分校的斯梅尔(Stephen Smale)宣布,他证明了五维及以上空间中物体的庞加莱猜想;一年后,同样来自加州大学伯克利分校的斯托林斯(John

Stallings)证明出,庞加莱猜想对于六维空间中的物体成立;最后,1982年,加州大学圣迭戈分校的弗里德曼(Michael Freedman)证明出四维空间中物体的庞加莱猜想。现在,只剩下四维空间中的三维物体尚待证明,不过这反而更让人沮丧,因为四维空间即是我们所生活的"时空连续体"。

邓伍迪认为,自己已经找到了证明。2002年4月7日,他在网站上发表了一篇标题为《庞加莱猜想的证明》(*Proof for the Poincaré Conjecture*)的初稿,一些有声望的数学家也称他为长期以来认真尝试解出庞加莱猜想的第一人。在较高维度的空间里,虽然有额外的自由空间,但遇到球体时却很难辨认出来。要想理解其困难程度,就想象一下古代的海盗及冒险家,他们虽然经历多次远征及探索旅程,但仍然不知道地球是圆的。邓伍迪的研究是以澳洲数学家鲁宾斯坦(Hyam Rubinstein)早前的成果为基础,鲁宾斯坦研究的是四维空间中的球体表面(要记住:四维空间物体的表面是一个三维物体)。

邓伍迪只用了不到5页的纸来展开他的论证,得到的结论是所有单连通、封闭、三维的表面都可以经过拉长、挤压、但不撕裂的方式,转变为球体表面,而这个陈述等于证明了庞加莱猜想。

唉!在他的网站上贴出他的证明后才几星期,邓伍迪就被迫在文章标题后面加上问号,他的一位同事发现他的证明有漏洞。于是,标题变成了"庞加莱猜想的证明?",虽然邓伍迪立刻设法弥补漏洞,却没有成功,他的朋友和同事也都失败了。再过了几星期,这篇文章就从网站上消失了,而庞加莱猜想则还是像从前一样扑朔迷离(尽管如此,还是请读者参见本书第13篇)。

6 陷入正名风波的猜想

◆ **摘要**：20岁的德国数学系学生科拉茨碰到了一个数学难题。他可能发现了一个数论的新定律,但却无法证明这个猜想,也找不到反例。几十年来,这个猜想换了许多名字,更有多人声称自己是第一个发现者。

1980年代中期的某一天,在美国电话电报公司(AT&T)工作的数学家拉格尼阿斯(Jeff Lagarias)举办了一场演讲,内容是关于一个他花了无数时间却找不到解答的问题。事实上,他离答案还远得很!他表示,依照经验来看,那是个危险的问题,因为那些钻研于其中的人都付出了精神及肉体健康的代价。

这个危险的问题到底是什么?

1932年,20岁的德国数学系学生科拉茨(Lothar Collatz, 1910—1990)碰到了一个数学难题,乍看之下,那似乎只是个简单的计算。假设有一个正整数x,如果它是偶数,将它除以2,也就是$x/2$;如果是奇数,就乘以3,再加1,再减半,也就是$(3x+1)/2$;然后,将所得的结果重复计算一次,直到计算结果等于1为止,否则就继续下去。

科拉茨观察到，无论从哪个正整数开始，重复上述迭代流程后，迟早会得到1这个数字。以13为例，得出的数列是：20，10，5，8，4，2，1；再以25为例，则会得出38，19，29，44，22，11，17，26，13，20，10，5，8，4，2，然后又是1。科拉茨测试过，无论从什么数字开始，最后的结果总是1。

这位年轻的学生大吃一惊，该数列本应该轻易就转为无穷多项或陷入无限循环之中（不包括1），这两种情况至少也要偶尔发生一两次才对啊！但并非如此。每一次计算到最后，得到的结果都是1，因此科拉茨怀疑他可能发现了一个新的数论定律。他立刻开始为前述猜想寻求证明，结果只是白费力气，既无法证明，也找不到反例，也就是最后结果不是1的数列（在数学领域中，只要找出一个反例就足以推翻一个猜想）。科拉茨终其一生都无法针对他的猜想发表任何一篇引人注意的论文。

第二次世界大战期间，在曼哈顿计划（Manhattan Project）①中担任要职的波兰数学家乌拉姆（Stanislaw Ulam, 1909—1984）选上了这个问题。为了消磨空闲时间（在洛斯阿拉莫斯的傍晚并没有很多事可做），乌拉姆研究了这个猜想，但无法找出证明。他把这件事告诉了朋友，从此他们就称这个问题为"乌拉姆的难题"。

又过几年后，汉堡大学数论家哈塞（Helmut Hasse, 1898—1979）也在这个古怪的谜题上摔了一跤。哈塞对这个问题深深着迷，在德国及海外四处发表相关演讲。有一次，一位听众发现这个数列就像落地前在云朵中的冰雹一样，忽上忽下——又是改名的

---

① 1942年6月，美国陆军开始实施的一项利用核裂变反应来研制原子弹的计划。这项工程集合了当时西方国家（除纳粹德国外）最优秀的核科学家，动员了逾10万人共同参与，为了比纳粹德国更早制造出原子弹。——译者

时候了——从此这个数列就叫做"冰雹数列",而计算的方法则称为哈塞算法。当哈塞在锡拉丘兹大学演讲提到这个问题时,当时的听众称其为"锡拉丘兹问题"。

接下来,日本数学家角谷静夫(Shizuo Kakutani, 1911—2004)在耶鲁大学与芝加哥大学做相关演讲时,这个问题又立刻变成"角谷问题"。角谷静夫的演讲引发了许多教授、助教以及学生的研究热潮,但关于这个问题的证明仍旧毫无进展。它难倒了每个人!因此,有一个谣言开始四处流传,说这个难题是狡猾的日本人为了阻止美国数学发展而制造出来的阴谋。

由于世人早就忘记科拉茨最初的贡献,因此科拉茨在1980年提醒大众,是他发现了这个数列。他在寄给同事的信函中写道:"谢谢你的来信,也谢谢你对我五十几年前就探究过的函数感兴趣。"接着,他解释说,当时他只有一台台式计算器可用,所以无法计算较大数字的冰雹数列。他在信末加注道:"希望你不会觉得我厚脸皮,我想告诉你,当时哈塞教授称这个谜题为'科拉茨问题'。"

1985年,英格兰米尔索普的思韦茨爵士(Sir Bryan Thwaites)发表了一篇论文,引发一些关于谁是这个猜想作者的怀疑。文章的标题为《我的猜想》(*My Conjecture*),思韦茨爵士坚称他是30年前这个问题的创始人。后来他又投书《伦敦时报》(*London Times*),悬赏1000英镑奖金,提供给能够严格证明这个未来应该被称为"思韦茨猜想"的数列的人。

1990年,科拉茨在数值数学领域已享有盛名,并在80岁生日后不久过世,可惜他始终不知道现在通常被叫做"科拉茨猜想"(他知道了应该会很高兴)的问题,到底是对还是错。

同时,数学家已经找到了新的工具——计算机。现在任何人都可以在个人计算机上证明,科拉茨猜想对前面几千个数字是成立的。事实上,借助超级计算机,27×10^{15}以下的数字已经全部通过测试,所有数字的冰雹数列都是以1结束。

这种数值计算当然不能算是证明,它们只是发现了一些历史纪录,其中之一就是目前最长的冰雹数列:某个15位数的冰雹数列在回到1之前,共有1820个数字那么多。然而,拉格尼阿斯在令人泄气的努力过程中,倒是证明了一个反例(如果有的话)必须有一个至少包含275 000个路径点的循环。

因此,计算机对找出科拉茨猜想的反例并没有什么帮助。在最后的分析中,数列并非是计算机能决定的,因为只有满足科拉茨猜想的数字,也就是其冰雹数列结束于1的数字,才会让计算机程序终止。如果真的有反例(无论是冰雹数列趋向无穷多项,或者进入非常长但不包括1的循环),计算机只会产生数字,而不会停止。坐在计算机屏幕前的数学家,永远无法知道数列是否最后会趋向无穷多项或开始进入循环,他很可能在某个时间点直接按下Esc键,然后回家去。

7 亲友众多的猜想

◆ **摘要**：这些复杂多变的兄弟姐妹关系，让数学家兴奋不已：是否有无限多对孪生素数？或者在某一孪生素数对之后就再也没有了？

在德国奥伯沃尔法赫数学研究所，科学演说本是家常便饭。然而，2003年春，美国圣何塞州立大学的数学家戈德斯通（Dan Goldston）所发表的演说却完全不同，这项演说内容在数学界引发了一场风暴。他与土耳其籍同事耶尔德勒姆（Cem Yildirim）在所谓"孪生素数猜想"的证明上，似乎有重大突破。这些复杂多变的兄弟姐妹关系，到底有什么让数学家兴奋不已的地方？

在整数集合中，素数就如同原子一般，因为所有整数都能以素数的乘积来表示，例如 $12=2×2×3$，就像分子由各种不同的原子组成。素数理论一直笼罩着神秘的面纱，存在着许多秘密。这些秘密包括：1742年，哥德巴赫（Christian Goldbach, 1690—1764）与欧拉提出了未证明的哥德巴赫猜想（Goldbach conjecture）。哥德巴赫猜想的内容是：每一个大于2的偶数都可以表示为两个素数的和，例如20=3+17。

尽管化学元素周期表只有120个元素，但这些元素就可以组成所有的物质。而两位古希腊数学家欧几里得（Euclid）与埃拉托色尼（Eratosthenes，公元前276—公元前194），早就知道有无限多个素数，但他们认为最重要的问题是：素数在整数系统中是如何分布的？

前100个整数中，有25个素数；在第1001个与第1100个整数之间，只有16个素数；在第10 000个与第100 100个整数之间，仅有6个素数。我们发现，愈到后面，素数会愈来愈稀疏；换言之，连续两个素数间的平均距离会逐渐增大（变得"罕见而稀少"）。

进入19世纪时，法国的勒让德（Adrien-Marie Legendre, 1752—1833）与德国的高斯（Carl F. Gauss, 1777—1855）开始探究素数的分布。根据他们的研究，他们推测素数P与下一个素数间的距离，一般而言，应该与P的自然对数一样大。

然而，他们求得的这个数值只能作为平均数。间隔有时很大，有时又很小，有时甚至很长一段间隔都没有出现素数。另一方面，最小的间隔是2，因为两个素数之间至少会有一个偶数，而每两个间隔仅为2的素数就称为孪生素数，例如11和13, 197和199。此外，还有表亲素数（prime cousins）：两个被4个非素数整数隔开的素数。而两个素数若是被6个非素数整数隔开，就叫做（你猜对了！）：性感素数（sexy primes）。

人们对孪生素数的了解比普通素数少得多，但可以确定的是，它们并不常见。在前100万个整数中，只有8169对孪生素数，而目前所知的最大孪生素数其位数超过5万位。但这只是冰山一角，没有人知道是否会有无限多对孪生素数，或者孪生素数会在某一对之后再不出现。数学家相信前面那个推测是正确的，戈德斯通与耶尔德勒姆想证明的就是这个观点。

他们宣称，在相邻素数之间，远比 P 的自然对数小（即使 P 趋近于无限大）的间隔有无限多个。这两位数学家没来得及庆祝他们的发现，他们在宣布自己的发现后不久，就被唤醒回到现实，当时勒让德与高斯这两位同行决定一步步重演他们的证明过程。但在艰辛的证明过程中，他们注意到戈德斯通与耶尔德勒姆忽略了一个误差项，而这个误差项相当大，使得整个证明让人无法接受因而无效。

2年后，在匈牙利的平茨（Janos Pintz）帮助下，戈德斯通与耶尔德勒姆修正了他们的工作成果。他们成功地填补了漏洞，而这个证明终于被承认是正确的，即使他们无法证明有无限多对孪生素数，但绝对是朝着正确的方向迈进了一大步。

1990年代，美国弗吉尼亚州的奈斯利（Thomas Nicely）发现，研究孪生素数理论不仅仅是智力锻炼。为了搜寻大型的孪生素数对，他测试了 4×10^{15} 以下的全部整数，他的算法需要计算一个简单的式子：$x \cdot \dfrac{1}{x}$。但当他在该公式中代入某些特定数字时，得到的却不是1，而是一个不正确的结果，这让他吓了一跳。在1994年10月30日，他发送了一封电子邮件告诉他的同事们，他的计算机在计算上述公式时，若数字介于 824 633 702 418 与 824 633 702 449 之间，就会持续产生错误的结果。虽然奈斯利研究的是孪生素数，却抓到了大名鼎鼎的奔腾（Pentium）微处理器芯片的瑕疵，这个错误让制造商英特尔付出5亿美元的赔偿金。而这个绝佳范例告诉我们（我无意开玩笑），数学家从来不知道他们的研究和错误，会为他们带来什么。

8 数学家的名利难题

◆ **摘要**：年轻的数学家常常因为笼罩在默默无闻阴影下的人生远景而感到沮丧，但大多数数学家都逃避成为大众注目焦点，而一有研究端倪就广为通知媒体的做法，更让那些领军人物们避之唯恐不及。

数学证明就其本质而言往往极其复杂，要弄清楚它们是否正确其实更需要专家们煞费苦心的努力。2003年3月28日发生的事件，就是一个绝佳的例子。当时美国数学家戈德斯通与土耳其数学家耶尔德勒姆各自都相信，他们在所谓的孪生素数猜想上有了重大突破；但短短几个星期后，欢乐就转为了失望，因为4月23日其他数学家在他们的证明中找到漏洞。一年之前，邓伍迪也提出过庞加莱猜想的证明，同样在两星期内就被发现证明不完整而宣告失败。第三个恰当的例子是怀尔斯（Andrew Wiles）的费马大定理①证明，审查过程中发现该证明不完整。幸而这次的失误是可以修正

---

① 当整数 $n>2$ 时，关于 x,y,z 的不定方程 $x^n+y^n=z^n$ 没有正整数解。——译者

的，但也花了一年半的时间，在一位同事的自愿协助下才得以完成。

那些古老而又悬而未决的问题，尤其是那些与著名数学家相关的问题，往往散发着无尽魅力。反复思考几个世纪前的数学家所探究过的问题，似乎很有吸引力。1900年，德国哥廷根的著名数学家希尔伯特列出了23个问题，用来决定下一个世纪大半时间里的数学研究方向，这些问题同样被卷入了神秘的氛围中。截至目前，已经解出其中20个问题的答案，但6号（物理学的公理化）、8号（黎曼猜想（Riemann conjecture））及16号问题，迄今仍困扰着数学界。

的确，8号与16号问题的重要性，足以让它们被斯梅尔列为21世纪最重要的数学问题。但就像其他情况一样，吸引力总是紧邻着重重风险，著名的难题也会对无法适当处理它们的人施展魔力。于是，就像爱错了对象，人一旦上了钩，就面临着自我欺骗的极大风险。

因此，2003年11月，22岁的瑞典女学生奥森耶姆（Elin Oxenhielm）解开了部分希尔伯特第16号难题的消息传出时，大家都格外谨慎。数学期刊《非线性分析》（Nonlinear Analysis）的评审者审核了她的证明成果，并在审核通过后被该期刊接受，待发表。奥森耶姆因为自己的第一篇研究成果就是巨作而感到骄傲，立刻通知媒体。虽然系里师友建议她谨慎行事，但她仍积极接受访问、宣布出书计划，甚至不排除拍一部关于希尔伯特第16号难题的影片。辉煌的前景似乎唾手可得，顶尖研究机构的职位就在眼前，还有那稳定的经济来源。

希尔伯特的第16号难题涉及的是二维动力学系统，这类系统的解可以简化为一些单个的点或者以一些环结束。希尔伯特研究了描述这类动力学系统的微分方程组,等式右边由多项式①组成。他的问题是环的数量如何取决于多项式的次数,因此研究复杂系统或混沌系统的学者对答案特别感兴趣。

奥森耶姆的8页论文一开始提到,模拟过程中,有一个微分方程表现得像三角学中的正弦函数,于是她以近似方法解算那个方程,甚至没有先估计忽略项的数量级。重新计算几次方程后,她又做了更进一步的近似估算,而且只以数值范例及计算机模拟来判断是否合理。最后,作为一个未经证实的命题,奥森耶姆却宣称,结果不会因为这些近似处理而被篡改。然而,这种对数学游戏规则的漫不经心,使得她的结果毫无用处。

透过媒体的报道,奥森耶姆不仅把自己的业绩告知大众,也使数学界提高了警觉。一位愤怒的专家写了一封愤慨的信给《非线性分析》,紧急要求中止出版那篇文章的打算。奥森耶姆的大学指导教授之前曾阅读及批评过她的研究发现,这位教授要求编辑将自己的名字从奥森耶姆的感谢名单中删除,不想与那篇文章扯上任何关系。一所科技大学更使这个事件雪上加霜,他们把奥森耶姆的文章当做大一新生的家庭作业,要学生列出文中的缺陷。

蜂拥而至的批评产生了效果,2003年12月4日,《非线性分析》发行人宣布延后发表奥森耶姆的文章,等待更进一步的审核。不久,这篇文章果然被踢出了刊登清单。

为什么事情会这么严重?缺乏经验的科学家常常寄错误或有缺失的文章给学术期刊,而通常期刊的评审过程能挑出错误,确保不致刊登低劣的文章,这就是信誉卓著的期刊常常拒绝九成以上

---

① 多项式是一种形似 $x^4+5x^3+7x^2+2x$ 的数学式,而这个多项式的次数为4。——译者

投稿的原因。但在这个特例中,标准过程完全失效。一位接受访问的专家相信,期刊的评审者(他们的身份通常不会公开)可能都是工程师,对他们来说,"近似"是司空见惯的事,只要不造成问题就好,但数学领域不能接受这种方法。

还有,这位年轻小姐与媒体的积极接触,也让人难以原谅。大多数数学家的悲惨宿命就是要整天一个人坐在小房间里,设法解答几个世纪来的古老问题。只在极偶然的情况下,才会被社会大众注意到他们的成就。唯有与繁忙、喧嚣的外界隔绝,在这样的工作环境下才能确保研究的质量与水平。由于数学证明往往必须经过时间的考验,才能确认结果的正确性,因此媒体的夸耀对辛苦、长时间的证明检验有害无利。至少可以这样说,主动引进这种公共关系十分不得体。

数学家从成功的证明中得到的满足,常常只是同领域同侪的认可。散布在世界各地的专家可能不超过12个,而收到他们表示认可的电子邮件,往往代表了最高的赞赏。这个领域偶尔会出现数学定理的可靠应用,但也要在数十年后才会变成众所周知的知识。年轻的数学家常常因为笼罩在默默无闻阴影下的人生远景而感到沮丧,因而向外寻求公众舞台,这点可以理解。但大多数数学家都逃避成为大众注目焦点,而一有研究端倪就广为通知媒体的做法,更让那些领军人物们避之唯恐不及。数学家一连串微妙的想法、缜密的思考及严格的论述,并不会让他们成为媒体宠儿。无论好坏,数学就是一门低调的科学。

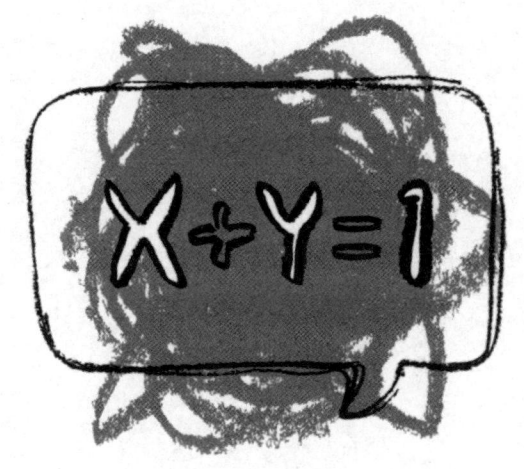

第三章
已解开的数学问题

有趣的数学故事:

◎同一块地面,铺什么形状的瓷砖,瓷砖周长最小?

◎为什么一个看似容易的等式,曾经是历时一个半世纪的谜题?

◎平方数倒数数列的总和是否收敛?如果是,会趋近于哪个数?

◎庞加莱猜想最后被解开了吗?

9 铺砖工人也想知道的问题

◆ 摘要：铺设相同的面积时，什么形状的瓷砖周长最短？

每个月全世界的学者大约会写出4000篇文章，发表在各种科学期刊上。2002年1月，美国数学家黑尔斯（Thomas Hales）撰写了一篇极其重要的论文，被美国数学协会遴选出来大力表扬。

这是唯一的一次，严谨的数学理论也吸引了工人的注意。铺砖工人常常使用各种形状的瓷砖来铺设浴室、厨房和门廊地板，他们或许也能从这篇论文中找到乐趣。在这些工人中，说不定就有一两个曾经想过类似的问题，例如："铺设相同的面积时，什么形状的瓷砖周长最短？"不管是实用价值，或者数学应用上的贴切性，黑尔斯的论文对这个问题的探讨，都足以被美国数学协会选为杰出论文。

铺砖工人可以先选择面积相同的三角形、正方形、五角形、六角形、七角形和八角形瓷砖，然后测量这些瓷砖的周长，看看什么形状的瓷砖周长最短。到目前为止，似乎一切进展顺利，但是现在就要开始搅拌水泥还稍嫌太早。若是铺砖工人试图用五角形的瓷砖来铺厨房地板，很快就会发现瓷砖之间出现了不少空白。事实上，五角形的瓷砖不能用来铺地板，因为一块紧接着一块的时候，它们无法拼接得天衣无缝。其他如七角形、八角形，还有大多数正多边形也一样，用这些形状的瓷砖来铺厨房地板，瓷砖与瓷砖之间必然会留下空白。

古代毕达哥拉斯学派（Pythagoreans）的学者们很熟悉这类几何学。他们知道在所有正多边形里，只有三角形、正方形与六角形可以铺满一个平面，不留任何空间，而其他类型的正多边形一定会留下缺口。

因此，铺砖工人的选择其实相当有限，他只能从上述3种可用的形状中测量哪一种的周长最短。以面积100平方厘米为例：三角形瓷砖的周长是45厘米，正方形的周长是40厘米，六角形的周长最短，只有37厘米。亚历山大的帕波斯（Pappus of Alexandria, 290—350）早就知道六角形是最有效率的正多边形。蜜蜂也知道这点，它们想用最少蜂蜡建造出能装最多蜂蜜的窝，所以把蜂窝盖成六角形。

在这3种可用的形状中，六角形周长最短的原因是它最接近圆形，而在全部的几何形状中，圆形的周长最短，例如若要围出100平方厘米的面积，圆形只需要大约35厘米的周长。

现在，我们可以宣布问题已经解决了吗？还早呢！谁说地板上只能铺一种形状的瓷砖？为什么瓷砖的各个边要一样长，而且是直线？实际上，瓷砖的外形甚至不必是凸形的，不妨想象一下边缘向外凸或向内凹的瓷砖。地板可以铺上各式形状的瓷砖，这样更显美观，就像埃舍尔（M. C. Escher, 1898—1972）在他的画作中最擅长的表现手法。

数学家会自问："在人们能够想象出的众多瓷砖形状中，哪一种形状的瓷砖周长最短?"近1700年来,大家的猜测答案大多是蜂巢状的六角形,只不过一直无法证明。

来自加里西亚的波兰数学家斯坦因豪斯(Hugo Steinhaus, 1887—1972)是第一个取得明显突破的人,他证明在瓷砖形状为单一的前提下,以最小周长铺满地板的方式就是使用六角形的瓷砖。这比帕波斯的发现更进一步,因为斯坦因豪斯把不规则形状的瓷砖也考虑进去了。1943年,匈牙利数学家托特(László Fejes Toth, 1915—2005)又向前迈进一步,证明出在所有凸多边形中,六角形的周长最短。与斯坦因豪斯不同的是,托特并不限制地板上只能铺一种瓷砖,而是可以使用许多不同形状的瓷砖,不过,他的定理中忽略了边缘不是直线的瓷砖。

到了1998年,黑尔斯才提出了完整的一般性证明,而且几个星期前,他才解开了最古老的离散几何问题,即有400年历史的"开普勒猜想"(Kepler's conjecture,如何把完全相等的球体堆到密度最大)。黑尔斯证明出,堆栈球体最紧密的方式,就是杂货店堆橙子的方式——分层排列,让每个球体位于其下3个球体形成的小洞上。黑尔斯的证明成了全世界的头条新闻,但这位年轻教授并没有浪费时间沉浸在荣耀里。

1998年8月10日,都柏林三一学院(Trinity College)的爱尔兰物理学家威尔(Denis Weaire)读到报纸上的新闻后,立刻毫不迟疑地发送了一封电子邮件给黑尔斯,提醒黑尔斯注意蜂巢问题,并提出挑战:"颇值得一试!"

黑尔斯着了迷似地开始应对威尔的挑战,之前他就曾经为了证明开普勒猜想而花费了5年时间,连计算机的保险丝都烧坏了。相较之下,新问题简直易如反掌,他需要的只是铅笔和纸,以及半年的时间。

一开始，黑尔斯先将无限大的地板面积分割成大小有限的组合，然后导出一个公式，将瓷砖的面积与其周长关联起来。接下来，他将注意力移转到外凸的形状，每块外凸的瓷砖应该有一块相对应的内凹瓷砖。黑尔斯在"面积—周长公式"的帮助下，证明了内凹的瓷砖需要增加的周长比外凸瓷砖所省下的周长还长。因此整体来说，这意味着圆角的多面体比较不利，可以排除在最短周长宝座的竞争者行列之外。

既然候选者只剩下直边的瓷砖，后面的程序就很明显了，毕竟托特已经证明了正六边形就是所有直边多边形瓷砖中的最佳组合。因此，黑尔斯提供了决定性的证明，蜜蜂将蜂巢筑成六角形果然是绝对正确的决定！

10 难解的单纯等式问题

◆ **摘要**：虽然听起来很不可思议，但这个看似容易的等式却曾经是历时一个半世纪的谜题的起源：除了2和3之外，是否还有比1大的整数x,y,u,v，能够满足$x^u-y^v=1$（就像$3^2-2^3=1$）？

数论的问题通常可以用简单的方式来表达，即使刚学步的小孩，也可能知道9−8=1；大多数小学生也都知道9=3×3，还有8=2×2×2。最后，大多数初中生都知道$9=3^2$，而$8=2^3$。这让我们看到表达式9−8=1的另一种表达方式，也就是$3^2-2^3=1$。是否可能针对如此简单、单纯的等式，拟出一个深入的问题？结果显示，答案是肯定的：是。虽然听起来很不可思议，但这个看似容易的等式却曾经是历时一个半世纪的谜题的起源。

1844年，比利时数学家卡塔兰（Eugène Charles Catalan, 1814—1894）在数学期刊《克列尔期刊》（Crelle's Journal）中，公开提出一个问题：除了2和3之外，是否还有比1大的整数x,y,u,v，能够满足$x^u-y^v=1$（就像$3^2-2^3=1$）？卡塔兰猜测结果应该是无解，但没有证明出来。

这个猜想看似简单,解答却其实非常复杂。人们很快就发现,u 和 v 必须是素数,但此后158年间却都没有任何进展。只有在2002年春天发生了一件事,德国帕德博恩大学的数学家米哈伊列斯库(Preda Mihailescu)找出了开启这个猜想的钥匙。

他是怎么做到的?对这位罗马尼亚出生的数学家而言,一切都是从神圣的苏黎世瑞士联邦理工学院开始的,米哈伊列斯库就是在这所知名机构获得后来研究所必需的数学工具。但就在即将完成博士论文之前,他决定从大学转向产业界,不过后来又决定回到学校着手第二篇博士论文,题目是"素数"。这次米哈伊列斯库确实把论文写完了。他是在高科技公司担任指纹专家时,第一次遇到了所谓"卡塔兰猜想"。

14世纪初期,也就是卡塔兰在《克列尔期刊》中发表这一猜想之前500多年,亦被称作希伯莱厄斯(Leo Hebraeus)的犹太学者热尔松(Levi Ben Gerson, 1288—1344),就曾提出过这个问题的变形。这位犹太祭师大部分时间住在加泰罗尼亚,他证明了8和9是唯一一组平方与立方相差为1的数。4个世纪后,欧拉说明,如果式子中的幂次 u 和 v 只限于2和3的话,这个猜想是正确的,然后一切又归于沉寂,直到1976年才又向前迈进了一步。

剑桥大学数学家贝克(Alan Baker)和荷兰莱顿大学的蒂德曼(Robert Tijdeman)在研讨会论文中证明了,若卡塔兰猜想有解,则解只有有限多个。同年,他又证明了这个问题中的幂必须小于 10^{110}。

即使这是一个天文数字(1后面有110个0),但这个结果开启了闸门。从那时开始,问题就只是把可能解答的上限降至可以处理的数字,然后把范围内的所有幂都测试一次。法国斯特拉斯堡巴斯德大学的米尼奥特(Maurice Mignotte)是第一个降低门槛的人,他在1999年展示了可能解的幂应该小于10^{16},而那时已经证明这个幂必须大于10^7。虽然范围大幅缩小,但这个范围对于用计算机解题而言还是太大了。

轮到米哈伊列斯库首次出击了。有一次,他参加完巴黎的研讨会,坐火车回苏黎世时,在车上无聊地做白日梦,脑中忽然出现一个想法:卡塔兰等式的幂必须是威费利希素数对(Wieferich pair)①,也就是两个可以用复杂方式相互整除的数字。威费利希素数对非常罕见,至今只发现6对,因此卡塔兰等式的可能解答的寻找范围仅限于威费利希素数对,而且要小于10^{16}。因为这灵光一闪,卡塔兰问题变得可以用计算机来验证。一项让因特网的使用者利用个人计算机的闲置时间来工作的计划由此展开,目标是寻找威费利希素数对,将它们代入卡塔兰等式中测试。但搜寻的进度十分缓慢,所以这项计划在2001年被放弃了。当时解答的下限至少已经提高到了10^8,但即使仅测试10^8—10^{16}范围内的数字,也需要好几年时间。

现在,米哈伊列斯库再度出击。他想起一个冷门的学科"割圆域理论",这是德国数学家库默尔(Eduard Kummer, 1810—1893)在证明费马猜想失败时发展出来的。过了一个世纪后,米哈伊列斯库终于能利用库默尔奠定的基础,填补了卡塔兰猜想证明的最后一个漏洞。

解出一个历史悠久、全球知名的问题,是什么感觉?根据米哈伊列斯库的说法,并没有十分兴奋。他之前曾经六度相信自己已经达到目标,但很快就发现有漏洞,因此变得很谨慎。随着时间流

---

① p,q为两素数,$p(q-1)$除以q^2时余1,且$q(p-1)$除以p^2余1,目前只找到6对:(2, 1093),(3, 1 006 003),(5, 1 645 333 507),(83, 4871),(911, 318 917),(2903, 18 787)。——译者

逝,他才逐渐确信自己最终真的成功了,把证明拿给已经在这个问题上花了半辈子的米尼奥特看。隔天早上,米尼奥特告诉他,他认为证明是正确的。他们没有大肆庆祝,但是很高兴!

11 无穷数列有时尽

◆ **摘要**：凡是有人发现任何蛛丝马迹，请好心告诉我们，我们必会感激不尽：平方数倒数数列之和是否收敛？如果是的话，会趋近哪个数？

$1, \frac{1}{2}, \frac{1}{4}, \frac{1}{8}, \cdots$ 这个无穷数列之和会趋近于2，只要将前面几项加起来就容易猜到，但你不应该因而相信每个递减的无穷数列之和都是个有限大的数。例如，所谓调和级数，即 $1+\frac{1}{2}+\frac{1}{3}+\frac{1}{4}+\frac{1}{5}+\cdots$ 就趋近于无穷大；它的增加很缓慢，前面1亿7800万项的总和才达到20。用数学的专业术语来说，调和级数是发散级数，而总和为有限大的无穷数列则被称为收敛级数。

在启蒙时期，数列及其总和被认为是重要的研究领域。1644年，意大利博洛尼亚19岁的学生门戈利（Pietro Mengoli, 1625—1686，后来成为神父及数学教授）提出一个问题：平方数倒数数列（$1, \frac{1}{4}, \frac{1}{9}, \frac{1}{16}, \cdots$）的总和是否收敛？如果是的话，会趋近哪个数？

门戈利年复一年地累积了深厚的无穷数列研究经验。举例来说,他证明了调和级数是发散的,但交错调和级数(各项的加减符号依序交替)则收敛于0.6931。但门戈利没有解出平方倒数级数的问题,他猜测其总和会接近1.64,但不太确定。

几年后,瑞士巴塞尔的数学家雅各布·伯努利也追赶过这个神秘数列的潮流,这个因数学才能而闻名全欧的科学家同样没有找到答案。屡受挫折后,于1689年,他写了一张公告:"凡是有人发现任何蛛丝马迹,请好心告诉我们,我们必会感激不尽。"

进入18世纪后,欧洲的学者们被这个特别问题深深吸引,这个数列与环绕在周遭的神秘气氛,变成了沙龙里社会精英的热门话题,它很快就与当时已有50年历史的费马问题并驾齐驱。几位数学家从中吸取了不少宝贵经验,包括苏格兰的斯特林(James Stirling, 1692—1770)、法国的棣莫弗(Abraham de Moivre, 1667—1754)、德国的莱布尼茨。到了1726年,这个问题回到了家乡巴塞尔。

雅各布的弟弟约翰凭着本身的条件成为了著名的数学家,他有一个异常聪明的学生——巴塞尔人欧拉,被认为是数学界一颗耀眼的新星。约翰为了鼓励欧拉,要他想办法解答这个问题。由于与巴塞尔数学家之间的密切关系,平方数的倒数问题从此被称为巴塞尔问题。

欧拉花了许多年研究这个问题,有时会暂时搁置几个月,然后又继续努力寻求解答。最后,1735年秋天,欧拉相信自己已经找到答案,那差不多是门戈利第一次想到这个数列的半世纪后了。欧拉声称,若计算到小数点后第6位,总和应该是1.644 934。

他是如何得到这个答案的?当然,他并没有把整个数列的各项总加起来。为了计算到小数第5位,欧拉必须考虑65 000多项。

显而易见，这位瑞士数学家在能够提出证明之前，就先猜出了总和的正确值：$\frac{\pi^2}{6}$。有一段时间，欧拉拒绝公布答案，因为他自己也对结果感到十分讶异——π，圆周与直径的比值，到底跟这个总和有什么共性？

几星期后，随着《倒数数列总和》(*De Summis Serierum Reciprocarum*)出版，欧拉为他的断言提出了证明。他在文中提到，他"无意中发现了一条简洁的公式，可以计算$1+\frac{1}{4}+\frac{1}{9}+\frac{1}{16}+\cdots$，它与将圆转化为面积相等的正方形有关"！

约翰既惊讶，又松了口气。"我哥哥的热切愿望终于获得了满足。"他说道，"他向来认为，这一级数之和的研究比任何人想象的都要复杂，而且他曾公开承认自己的失败。"

欧拉是在研读三角函数时偶尔发现这个公式的，因此答案的出现其实出乎意料。所谓的正弦函数的级数展开式与该平方倒数级数密切相关，又因为三角函数与圆有关，因此数字π才会是答案的一部分。

欧拉的证明建立起了级数与积分学之间的关系，当时后者还是数学的新兴分支。今天大家都知道，巴塞尔级数代表一个更一般的函数（即ζ函数）的特例，该函数在现代数学中举足轻重。

12 计算机算出来的数学证明？

◆ **摘要**：这种反常的格式很难阅读，论文中塞满计算机计算出来的证明结果，看起来反而有点类似实验报告——球体最紧密的排列方式就是金字塔般的堆栈方式（开普勒猜想）。

1998年8月，黑尔斯给数十位数学家寄去了电子邮件，宣布他已经利用计算机证明了400年来一直无法确认的猜想。那封电子邮件的内容是对德国天文学家开普勒（Johannes Kepler, 1571—1630）提出的开普勒猜想的证明：球体最紧密的排列方式就是金字塔般的堆栈方式，类似杂货店堆橙子的方式。黑尔斯宣告证明成功后不久，全球报纸的头版都刊登了这项突破，但黑尔斯的证明还是无法被完全肯定。他将这份证明投到声誉卓著的《数学年刊》（Annals of Mathematics），却未获正式刊登。负责审稿的人表示，虽然他们相信这证明是正确的，但他们缺乏可以验证的程序来确保排除任何可能的错误。因此，最终出现在年刊上的是黑尔斯的手稿，并附上一则罕见的编辑附注，声明这篇论文的部分内容无法审查。

这个超乎寻常的故事的问题核心是"计算机在数学上的应

用",事实上,各方对这个议题的看法两极化。通过计算机辅助所得的证明结果有时被形容为"暴力"解法,通常必须在计算了成千上万个可能的结果后,才会得到最后的答案。许多数学家不喜欢这种方法,认为过于粗野,其他人则批评这种做法对理解正在探讨的问题毫无帮助。例如,1977年有人宣布利用计算机辅助,证明了四色定理。所谓四色定理,是指假设我们想要用不同颜色来填满地图,并且满足相邻区域的颜色均不同的条件时,只需要四种颜色。虽然无法从证明中找出任何错误,但有些数学家还是坚持继续运用传统的方式来寻找答案。

黑尔斯转到宾州匹兹堡大学之前,已经在安阿伯密歇根大学研究了这项证明。一开始,他先降低可能的堆栈方式种数,从无限多种减少到5000种左右,然后再用计算机来计算每种排列方式的密度。这项工作听起来简单做起来难,证明过程包括用专门编写的计算机程序来检验一系列数学不等式,而10年内总共检验了超过10万多条不等式。新泽西州普林斯顿高等研究院的数学家麦克弗森(Robert MacPherson),同时也是《数学年刊》编辑之一,在听到这个证明时觉得很好奇,要求黑尔斯及协助证明的研究生弗格森(Sam Ferguson)先将他们的发现投稿出版,但同时他对计算机辅助研究这件事也感到不安。

《数学年刊》之前也曾收到过一篇篇幅较短的拓扑学相关文章,那篇文章也是利用计算机辅助证明。麦克弗森在试探过期刊编辑委员会同事的意向后,请黑尔斯寄出论文,这次他一反常态,指派了12位数学家来审核这个证明(大多数期刊的评审只有1—3位)。匈牙利布达佩斯的阿尔弗雷德·雷尼数学研究院的加博尔·费耶什·托特(Gábor Fejes Toth)负责带领这个审核小组,他的父亲数学家拉斯洛·费耶什·托特（László Fejes Toth）在1965年曾预测，有一天计算机将使证明开普勒猜想成为可能。评审者不仅要重新运行黑尔斯的计算机程序，还必须检验程序是否按照设想的步序工作，由于计算机代码及输入、输出数据总共占了3000兆位内存空间，评审无法一一检验，所以他们的审核方式限于检验一致性，重新建构每个证明步骤的思考过程，以及研究用来设计计算机程序的所有假设及逻辑。他们在一学年中举办了一系列研讨会，协助进行这项工作。

即使如此，仍难以确认黑尔斯已经成功证明了开普勒猜想。2002年7月，托特报告说，他及其他评审者以99%的确定性认为这项证明是合理的。他们找不出错误或疏忽，但又觉得因为没有一行行检查过计算机程序，所以仍然无法完全肯定这项证明是正确的。

对一个数学证明来说，这还不够。毕竟大多数数学家早已相信这个猜想，该证明应该把相信转变为确定，而且开普勒猜想的历史也让人对这项证明抱持谨慎的态度。1993年，加州大学伯克利分校的项武义（Wu-Yi Hsiang）在《国际数学期刊》（*International Journal of Mathematics*）上发表了长达100页的猜想证明；但发表后不久，就被找出证明中的错误。虽然项武义坚信自己论文的正确性，但大多数数学家都不相信他的证明成立。

评审报告出炉之后，黑尔斯说他收到了麦克弗森的一封来信："我个人认为，评审的决定不乐观。他们现在无法证实证明的正确性，将来也一样，因为他们已经精疲力竭……如果他们一开始有较为清楚的原稿，我们就可以预测他们的审核过程是否能够得到明确的结论，不过现在都无所谓了。"

最后一句话透露出麦克弗森的不满，因为黑尔斯提交的证明并不是一篇严谨的著作，250页的手稿是由5篇独立的论文组成，而且黑尔斯和弗格森在每篇论文中塞满计算机计算出来的证明结果，看起来反而有点类似实验报告。这种反常的格式很难阅读，更糟的是，各篇论文中的附注与定义也略有不同。

麦克弗森要求作者必须编辑他们的手稿，但黑尔斯和弗格森不想再花一年时间来重新处理这篇文章。"黑尔斯可以用余生来简化这个证明。"弗格森在完成他们的论文后说道，"但那不是合理利用时间的方式。"

黑尔斯已经开始接受另一项挑战，他想以传统方式来解答有2000年历史的蜂巢猜想：用相同面积的瓷砖来铺满地面且不留空白时，六角形瓷砖的周长最短。弗格森离开了学术界，到美国国防部任职。

面对累坏了的评审，年刊的编辑委员会决定刊登这篇论文，但前提是谨慎地加上附注。文章开头有编辑引言，声明此类以计算机验证大量数学式的证明，可能无法完整检验。整个事件原本可以就此结束，但黑尔斯无法接受他的证明被加上这种附注。

2004年1月，他展开了"开普勒的正式证明"（Formal Proof of Kepler）计划，简称FPK，不久又被昵称为"小斑"（Flyspeck）。这次黑尔斯不再仰仗人类的评审，他要用计算机验证证明的每一个步骤，这项工程大约需要10位志愿者组成团体来共同研究，这些人必须是乐意贡献计算机时间的合格数学家。团队将撰写程序，把证明的每一个步骤，一行接着一行地拆解成一组已知成立的公理。如果程序的每个部分都可以分解成这些公理，最后就可以确认这个证明是正确的，而参与者也不仅仅将该计划视为黑尔斯证明的验证。

自愿参与这项验证计划的纽约大学研究生麦克劳林（Sean

McLaughlin)曾接受过黑尔斯的指导，也曾使用计算机解过其他数学问题。"以人力来检验计算机辅助的证明，几乎是不可能的。"他说道，"幸运的话，我们将显示这类规模的问题无需通过评审过程，就可以严密地验证。"但不是每个人都像麦克劳林那么热心。高等研究院代数几何学家德利涅（Pierre Deligne）是众多不认可计算机辅助证明的数学家之一。他表示，"我只相信我了解的证明。"对那些与德利涅站在同一阵线的人而言，以计算机取代评审过程的人力审查是错误的步骤。

虽然对证明方式采取保留态度，麦克弗森并不认为数学家应该脱离计算机。荷兰奈梅恩天主教大学的魏迪克（Freek Wiedijk）是用计算机来验证证明的先驱，他认为这项程序可以变成数学界的标准惯例。魏迪克说，"将来人们会回顾20世纪与21世纪之交的时候，然后说'就是从那时候开始的'"。无论计算机验证是否已经广泛被使用，"小斑"要产生结果可能都还要几年。虽然其他人也表达了参与计划的兴趣，但确定的参与成员仅黑尔斯和麦克劳林两人。黑尔斯估计，从撰写程序到执行程序的整个流程，可能需要20个人·年（person-year）的工作。届时开普勒猜想才会成为开普勒定理，我们也才能确定这些年来一直堆橙子的方式是正确的。

13 庞加莱猜想被解开了吗？

◆ **摘要**：到目前为止，还没有理由认为佩雷尔曼在论文中所描述的证明不正确，也没有人发现漏洞，或者找到错误——在其表面的任何回路皆可缩成一点的三维流形，拓扑等价于球体。

蚂蚁如何确定自己是坐在皮球上还是甜甜圈上？古希腊人怎么知道地球不是平的？解决类似问题的困难在于，对附近的观察者来说，皮球、中间有洞的球体及平底盘，看起来都是一样的。

19世纪，拓扑学作为几何学的一个分支开始形成并发展，但仅仅过了不多时间，就成为数学领域中的一门独立学科。拓扑学研究的是二维、三维及更高维度空间中的几何物体（面与球体）的定性问题，通过拉长与挤压，这些物体（想象它们是用泥巴或黏土做成的）可以被转化为另一种物体，但不能把它们撕破、穿洞或把不同块状粘贴在一起。例如，球体或立方体可以转化为蛋形或金字塔形，因此它们是拓扑等价的；反之，皮球如果不穿洞，就不能变成甜甜圈。还有，从拓扑学观点来说，椒盐脆饼与甜甜圈也不等价，因为椒盐脆饼有3个洞。

物体上洞的数量是拓扑学的一个重要的性质，但要如何以数学方式来定义"洞"？被边界包围起来的一无所有？不是，这种定义可不行。理论上，我们可以这么做：在目标物表面套上一条橡皮筋，如果它是球、蛋或其他没有洞的物体，无论橡皮筋如何缠绕，都可以把橡皮圈连续地收缩为单个点；但如果是类似甜甜圈或椒盐脆饼之类的物体，在表面缠上橡皮筋后，不一定能收缩成一点。如果橡皮筋穿过其中任何一个洞，橡皮圈在缠紧时就会卡住，这就是为什么在拓扑学中，物体是依洞数分类的。

三维物体如球或甜甜圈的表面，称为二维流形；那么，三维流形（也就是四维物体的表面）又是如何？为了探究这些物体，法国数学家庞加莱以二维流形的相同方式进行推论。他提出粗糙的主张：在其表面的任何回路（loop）皆可缩成一点的三维流形，拓扑等价于球体。当他尝试为这个断言提出证明时，却陷入水深火热之中，他的尝试失败了。因此，1904年这个"断言"被改为"猜想"。

20世纪后半叶，数学家接二连三地证明了庞加莱猜想对四维、五维、六维以及更高维流形是成立的，但最原始的三维流形猜想仍旧无人能解。这让人很沮丧，因为所研究的三维流形，代表的正是我们生活于其中的时空连续体。

2003年春天，圣彼得堡斯特克罗夫研究所的俄罗斯数学家佩雷尔曼（Grigori Perelman）宣布，他可能已经成功证明了庞加莱猜想。1995年，他的著名同行怀尔斯"破解"了"费马最后定理"；佩雷尔曼和他一样，在完全与世隔绝和独处的状态下做了8年研究。他的成果完全呈现在3篇刊登于网页上的论文中，一篇发表于2002年11月、一篇是2003年3月，最后一篇则在2003年7月。

苏联科学家生活困苦，佩雷尔曼也不例外。他在其中一篇论文的脚注里提到,他仅靠着在美国研究机构担任研究员的微薄薪资才能勉强糊口。2003年4月,佩雷尔曼在美国举行了一系列演讲,目的是与同行分享他的研究成果,并获得他们的回馈意见。

佩雷尔曼的证明用到了两位数学家先前发展出来的两个工具。第一个工具是所谓几何化猜想(geometrization conjecture),由当时在加州大学(现任教于康乃尔大学)的瑟斯顿(William Thurston)提出。三维流形可以被分解为一些基本元素这一事实数学家们众所周知。而瑟斯顿的猜想指出,这些基本元素只有8种不同形状。不过要证明这个猜想,需要有比证明庞加莱猜想更大的雄心,后者的目标只是确认流形与球体等价。但瑟斯顿后来设法证明了他的猜想,只是加上一些额外的假设。1983年,他因这项成就而获颁数学界最高荣誉——菲尔兹奖(Fields Medal)。然而,这个猜想最一般化的版本,亦即未附加瑟斯顿假设的版本,目前尚未证明出来。

佩雷尔曼仰赖的第二个工具是所谓里奇流(Ricci flow),哥伦比亚大学的哈密顿(Richard Hamilton)将这个概念引进拓扑领域。从根本上说,里奇流是关于热量在物体内的传播方式的微分方程式。在拓扑学中,里奇流描述的是不断变化的流形,其速率与流形在每一点上的曲率成反比,使得变形的物体达到常曲率的状态。有时里奇流能让流形分裂为几个组分,哈密顿证明(尽管仍受到一些条件限制),这些组分只能是瑟斯顿所预测的8种形状。

佩雷尔曼成功地将里奇流理论扩充为一般形式的瑟斯顿几何化猜想的完整证明。以此为起点,接下来就可以推论出庞加莱猜想是正确的:如果一个环绕着三维流形的回路可以被缩至一点,则流形就等价于球体。

佩雷尔曼在其一系列演讲中提出的证明,仍需要更深入的验证，这可要好几年时间。其实向数学界提出证明后才发现其中有所缺漏的情况，这并非首例。例如，2002年，佩雷尔曼的论文发表的前一年，英国数学家邓伍迪才在网页上刊出他认为正确的庞加莱猜想证明（参见第5篇）；但一位同行很快注意到，邓伍迪在其5页文章中所做的一项断言并无完整证明，让他十分懊恼。

到目前为止，还没有理由认为佩雷尔曼在论文中所描述的证明不正确，也没有人发现漏洞或者找到错误。若是他的证明未来能通过所有检验，这位俄罗斯数学家似乎将是首位克雷奖金得主。克雷奖金颁发的对象是解出七大"千年难题"之一的数学家，有了那100万美元奖金，佩雷尔曼再也不必依靠贫乏的客座讲师报酬过活了。①

---

① 2006年8月，四年一度的国际数学家大会在马德里举行。正如众人的预料，佩雷尔曼获颁素有数学界诺贝尔奖之称的菲尔兹奖。数学界最终确认佩雷尔曼的证明解决了庞加莱猜想。但佩雷尔曼不仅没有出席大会，还史无前例地拒绝接受这个奖项，众皆愕然。——译者

第四章

性情中人

有趣的数学故事:

◎挪威天才数学家阿贝尔的故事。

◎犹太裔数学家伯奈斯曾以不支薪的助理教授身份,执教5年。

◎为什么匈牙利裔科学家会被同行称为"火星来客"?

◎数学也能应用在建筑和艺术上吗?

◎你相信吗?棋盘方格中隐藏着宇宙秘密之钥。

◎数学家希利斯梦想能去迪斯尼上班,结果……

◎怎样才能得到"爱尔特希一号、二号、三号……"的头衔?

◎高龄87岁的埃克曼的精彩人生。

14 天才数学家的悲剧礼赞

◆ **摘要**：阿贝尔回到自己的故乡，生病又身无分文，并且在得到柏林大学教授职位的前两天死于肺结核，后人成立了以他为名的阿贝尔基金，每年颁发80万欧元奖金给数学家。

2002年8月5日，全世界都在纪念历史上最卓越的数学家之一——挪威的阿贝尔（Niels Henrik Abel, 1802—1829）诞辰200周年，他在26岁时死于肺结核。虽然阿贝尔生命短暂，研究成果却极为丰富。一部重要的数学百科全书里，共提到"阿贝尔"及"阿贝尔的"（abelian）这个形容词近2000次。

由于阿贝尔的辉煌成就，2001年，当时的挪威首相斯托尔滕贝格（Thorvald Stoltenberg）宣布成立阿贝尔捐赠基金，每年以他的名义颁发80万欧元奖金。这个奖仿效了诺贝尔奖，目的在于成为数学界最重要的奖项。

阿贝尔成长于挪威南部小镇耶尔斯塔德，在家中7个小孩里排行老二。他的父亲是路德教派神父，当过一段时间挪威国会议员。13岁之前，阿贝尔都是在家接受父亲的教育，直到进入离家

120英里①远的克利斯丁安那教会学校就读,他的天分开始真正得以显露。一位数学老师察觉到这个小男孩异于常人的天赋后,不断尽力鼓励他。

阿贝尔18岁时,父亲骤逝,他被迫承担起养家的重任。他开始担任基础数学家教,并且四处打零工维生,幸而师长提供财务援助,阿贝尔才能在1821年进入克利斯丁安那大学就读,也就是后来的奥斯陆大学。没多久,阿贝尔的光芒就超越了他的老师,不过,他的第一项重大成就后来却被证明是错的。阿贝尔相信他找到了五次方程的解法,并把论文寄给一家科学期刊发表,但编辑看不懂他的解法,要求他提供数字范例。

阿贝尔随即着手满足这项要求,但很快发现了之前推导过程中的一个错误。然而错误却带来了好处。纠正错误时,阿贝尔意识到要以公式来解五次或更高次方的方程简直是不可能的。为了证明这个结论,阿贝尔用到了一个被称为群论(group theory)的概念,后来群论发展成现代数学的一个十分重要分支。

阿贝尔自掏腰包发表了这篇论文,然后靠着挪威政府的资助前往德国,到哥廷根拜访著名数学家高斯。然而,高斯没有读过阿贝尔事先寄给他的论文,甚至在会面时明白告诉阿贝尔,不管阿贝尔写了什么,他都不感兴趣。阿贝尔失望之余,继续前往法国,这段附加行程却产生了幸运的副作用。前往巴黎途中,他在柏林结识了工程师克列尔(August Leopold Crelle, 1780—1855),后者后来成为阿贝尔的密友及资助者。克列尔所创办的《纯粹数学与应用数学期刊》(*Journal für Reine and Angewandte Mathematik*,这本期刊

---

① 英联邦国家长度单位,1英里相当于1609.34米。——译者

现今仍持续发行),曾刊登过许多阿贝尔的原始论文。

阿贝尔打算造访的法国同行们并不比那位德国教授更好客,通过引荐,阿贝尔把他发明的椭圆函数寄给当时法国首屈一指的数学家柯西(Augustin Cauchy, 1789—1857),但完全没有引起他的注意。他的论文被遗忘,最后甚至全部遗失。虽然阿贝尔觉得沮丧,仍坚持留在巴黎,尽量争取别人对研究成果的认可;当时他的财务状况早已捉襟见肘,一天只能吃一餐。

但阿贝尔的牺牲最后并没有获得回报,虽然克列尔苦口婆心地劝他留在德国,阿贝尔还是回到了自己的故乡,那时他正生病又身无分文。阿贝尔离开后,克列尔开始设法帮助他在学术界寻找教职,最后他的努力终于成功了。在一封日期为1804年4月8日的信件中,他兴高采烈地告诉阿贝尔,柏林大学愿意提供他教授职位。很不幸的是,一切都太迟了——阿贝尔已经在两天前死于肺结核。

在许多与阿贝尔有关的概念中,让我们来简述一下"阿贝尔群"(abelian group)的概念。现代几何学把可以通过运算彼此关联的一组元素,定义为"群",但这项定义必须满足下列4个条件:

第一,运算的结果必须也是群中的元素。

第二,运算必须符合"结合律"(associative law),也就是相继的两次运算的顺序可以改变,而且不会影响答案。

第三,必须有一个所谓零元素(neutral element)存在,让运算结果不变。

第四,每个元素都必须有逆元素(inverse)。

例如,加法运算下的整数便是一个群,原因是:

第一，两个整数的和还是一个整数。

第二，加法运算是符合结合律的，因为$(a+b)+c=a+(b+c)$。

第三，数字0是零元素，因为一个数字加上0保持不变。

第四，有逆元素，例如：5的逆元素是-5。

有理数（整数与分数）在乘法运算下不能组成群，尽管两个有理数相乘还是有理数（例如$\frac{2}{3} \times \frac{3}{7} = \frac{6}{21}$），5的逆元素是$\frac{1}{5}$，零元素则是1，但是0没有逆元素。

群可以分为阿贝尔群或非阿贝尔群，如果群中的元素在彼此相关联时可以交换（如5+7=7+5），就称为阿贝尔群。非阿贝尔群的例子之一是骰子的旋转，如果依序绕着两个不同的轴旋转一枚骰子，这两次旋转的顺序当然互有影响，你不妨自己试试。拿两枚骰子，然后在桌上把它们摆成相同的样子，第一枚骰子先绕着垂直轴旋转，再绕着水平轴旋转；第二枚骰子也朝相同方向，但先绕水平轴再绕垂直轴旋转。接着，你会发现这两枚骰子的各面朝着不同方向。因此，骰子旋转的群是非阿贝尔群。这个例子让著名的鲁比克方块的解法异常复杂。

15 不支薪的教授

◆ **摘要**：犹太裔数学家伯奈斯为了躲避纳粹,曾以不支薪的助理教授身份在苏黎世大学执教5年,他的来临让瑞士的逻辑学开始萌芽。

1934年,德国悲惨的情况造就了苏黎世的好运气。数学家伯奈斯(Paul Bernays)因犹太背景,被迫从哥廷根迁居至这个利马河河畔的城市;然而,他卓越的逻辑学家声誉比他本人更早一步到达苏黎世。伯奈斯是1888年出生于伦敦的瑞士人,在柏林先攻读工程学,再改读数学。然后,这位年轻博士以不支薪的助理教授身份在苏黎世大学执教5年。

著名数学家希尔伯特有一天造访苏黎世,与一些瑞士同行在市郊小山坡上散步时,注意到了聪颖的伯奈斯,立刻向他提供了哥廷根大学的职位。虽然这位不支薪的教授已经三十几岁,却不认为移居哥廷根、担任伟大数学家希尔伯特的助理是有损颜面的事。他们共同研究的成果极为丰硕,熔铸成巨著《数学基础》(Foundations of Mathematics)两册,完全以符号逻辑为基础,为数学建立了雄厚的根基。

但远方的地平线纳粹的乌云已经浮现,哥廷根的数学教员大多是信奉犹太教的男性——唯一的女性是诺特(Emmy Noether, 1882—1935),他们成为了希特勒党羽的追捕对象。伯奈斯及其他犹太同事的离去让希尔伯特十分气馁。

哥廷根的"失"却是苏黎世的"得",因为伯奈斯的来临让瑞士的逻辑学开始萌芽。刚开始,他在苏黎世瑞士联邦理工学院担任正式讲师,然后成为兼任教授,而且只需负担一半的教学量。1939年至1940年间的冬季学期,伯奈斯与冈塞斯(Ferdinand Gonseth, 1890—1975)、波利亚(George Polya, 1887—1985)①共同举办了首届逻辑研讨会。这项研讨会后来成为每学期的固定活动,由伯奈斯组织、领导,持续数十年。参加研讨会是免费的,但其实伯奈斯不是学校的全职教员,大可要求参与者付费,不过如果不是免费的,也就很可能不会有那么多学生参加。

即使在1958年退休后,伯奈斯仍继续出席这项生气勃勃的研讨会,直到上了年纪都是如此。伯奈斯的一个学生记得自己曾站在黑板前详细解说新近发表的文章,而伯奈斯问第一个问题时,他的报告才刚开始,然后伯奈斯与劳克利(Hans Läuchli, 1933—1997)展开了辩论。劳克利站到黑板前面,拿起粉笔,设法解答那个问题。斯派克(Ernst Specker, 1920—)随即起身提出另一个解答,接下来伯奈斯为了强调自己的看法,也挤到前面来。对话愈来愈热烈,可怜的学生(现在已经是洛桑大学可敬的教授)差点无法结束他的报告。

---

① 匈牙利数学家,对数学众多分支皆有贡献,著有《怎样解题》《数学发现》等书。——译者

1977年9月18日，伯奈斯逝世。而他去世后，逻辑研讨会的传统由前同事劳克利及斯派克接替。1987年，斯派克退休时，他的助理与学生请求他继续举办研讨会，于是他又多主持了15年。几位曾参加过研讨会的学生，现在都已经是世界各大学的教授了。

16 火星来的天才

◆ **摘要**：冯·诺伊曼和几个参与曼哈顿计划的匈牙利科学家，被同行称为"火星来的人"，他们拥有超凡的智力，彼此对话使用的是难解的语言，所以大家戏传他们一定是从其他星球到地球来的！

一个多世纪之前，也就是1903年12月28日，布达佩斯诞生了一位近代最重要的数学家——冯·诺伊曼（John von Neumann, 1903—1957），今日他被称为"电子计算机之父""对策论创始人""人工智能先驱"，同时也是原子弹研发者之一。冯·诺伊曼在诸多领域均有杰出表现，包括传统领域（如纯数学与物理的数学基础）、现代议题（如计算机科学）、后现代议题（如神经网络与胞腔自动机（cellular automata）；数十年后，另一位天才沃尔弗拉姆（Stephen Wolfram, 1959—　）才再度发掘了胞腔自动机（参见第18篇）。

冯·诺伊曼的小名叫扬西（Jancsi），家人都亲昵地这样称呼他。他的双亲是富裕的犹太人，父亲是银行家，花钱买下了贵族气派的头衔"冯"，放在听起来平庸无奇的"诺伊曼"前面。就像布达佩斯其他有钱人家的惯例，这个小男孩由德国与法国家庭教师带大。冯诺伊曼在儿童时期就显露天才的光芒,不仅能以古希腊语交谈,也能背诵整本电话簿,布达佩斯新教徒中学的老师没多久就发现他的数学才华,全力栽培。

顺便一提,冯·诺伊曼并不是这所著名学校里唯一的资优生,这所学校的杰出人士还包括:1963年诺贝尔物理学奖得主魏格纳(Eugene Wigner, 1902—1995),他比冯·诺伊曼高一届;1994年诺贝尔经济学奖得主豪尔沙尼(John Harsanyi, 1929—2000),也是该校毕业生;还有犹太复国主义创始人赫兹尔(Theodor Herzl, 1860—1904)。

不出所料,冯·诺伊曼中学毕业后便急切地想攻读数学,但他父亲认为数学是没有前途的专业学科,希望儿子能读商科。冯·诺伊曼反对父亲的看法,最后两人达成协议,年轻的冯·诺伊曼去柏林念化学。因为依照他父亲的看法,化学至少是门实用的学科,能带来稳定的收入。然而,这个学生同时也在布达佩斯大学的数学系注册。不用说,为了防止犹太学生读大学所制定的新生录取名额限制无法阻挡冯·诺伊曼,他也未曾在学校遇到任何反犹太主义的情况,因为他从来不上课,只到布达佩斯参加考试。

1923年,冯·诺伊曼转学,从柏林搬到苏黎世,进入苏黎世有名的瑞士联邦理工学院就读,除了必修的化学课之外,还参加了学院举办的数学研讨会。1926年,他不仅得到苏黎世瑞士联邦理工学院化学学位,还拿到了布达佩斯大学数学博士学位。他的博士论文题目是集合论(set theory),这是一个崭新的领域,而且证实对数学的发展极为重要。

不久,这位年轻的博士先生(Herr Doktor,当时他生活圈里的人都已经知道他是个天才)抵达哥廷根,那里的大学拥有当时全球公认的最顶尖的数学中心。数学中心的杰出代表人物是当时声望最高的数学家希尔伯特,他热诚欢迎冯·诺伊曼,后来冯·诺伊曼又在柏林与汉堡举行了一系列的演讲。

就在有犹太血统的科学家被拒于欧洲大学门外之前,冯·诺伊曼接受了普林斯顿大学的邀请,前往美国。当时是1930年代初期,普朗克(Max Planck, 1858—1947)、海森伯(Werner Heisenberg, 1901—1976)与其他人对量子力学的研究刚起步。由于冯·诺伊曼可以为量子力学理论提供向来欠缺的、坚实而严密的数学基础,他赢得了高等研究院职位,并且和爱因斯坦(Albert Einstein)一同成为该院6位创始教授之一。此后直到他去世,高等研究院一直是这位数学家真正的家,他也入籍成为美国公民,并把名字扬西改为约翰尼(Johnnie)。

冯·诺伊曼不仅对纯数学的基本原理有兴趣,也为数学在其他领域的应用着迷。当时欧洲正受战火侵袭,自然科学在战争上的应用日益重要,而他在流体力学、弹道学及冲击波方面的研究成果引起了军方兴趣,很快就成为美国军方的顾问。1943年,他的事业又向前迈进了一步,参与了新墨西哥州洛斯阿拉莫斯的曼哈顿计划,与一群匈牙利移民合作,包括魏格纳、特勒(Edward Teller, 1908—2003)、西拉德(Leo Szilard, 1898—1964)等人,他们共同参与了开发原子弹的工作。

这几位匈牙利的科学家被同行称为"火星来的人",他们拥有超凡的智力,彼此对话使用的是难解的语言,所以大家戏传他们一定是从其他星球到地球来的!

冯·诺伊曼和他们在洛斯阿拉莫斯提供的关键性计算结果,帮助科学家们研发出了钚弹。在洛斯阿拉莫斯实验室的数学家们必须解决许多冗长、重复的计算,为了加快速度,他们发展了数值计算技术,将计算交由几十位算术高手人工执行,但更快速计算的需求变得越来越迫切了。

冯·诺伊曼刚好不但熟知图灵(Alan Turing, 1912—1954,英国有进取心的数学天才,其时正在普林斯顿撰写博士论文)的概念,也很清楚工程师埃克特(John Eckert, 1919—1995)及其同事物理学家莫奇利(John Mauchly, 1907—1980)的想法,前者提出了现代计算机的概念,后两人则在宾州费城建造了美国第一台电子计算装置。依据他们的初步研究成果,冯·诺伊曼随后发展了后来被称为"计算机结构"(computer architecture)的概念,直到今日,"冯·诺伊曼结构"(von Neumann architecture)仍控制着每台台式计算机的数据流(data flow)。冯·诺伊曼清楚地认识到程序可存储在计算机里,而在需要时访问它们,与处理数据情况十分相同。事实上,之前专家还一直认为必须把程序做成硬件的一部分,如同机械式加法机上所使用的方法一样。

冯·诺伊曼在与自维也纳移民到普林斯顿的经济学家摩根斯坦(Oskar Morgenstern, 1902—1976)的一次讨论中,产生了"对策论"概念。冯·诺伊曼和他的维也纳朋友证明了所谓"极小极大定理"(mini-max theorem):对纸牌游戏而言,无论是让增益最大化或让损失最小化,结果都一样。对策论也应用在商场及国际政治上,现在则已经发展成介于数学与经济学之间的独立分支。这项理论的最大拥护者是纳什(John Nash),他在1994年与豪尔沙尼、赛尔滕(Richard Selten)共同获得诺贝尔经济学奖。事实上,电影《美丽心灵》(*A Beautiful Mind*)的数学家主角就是纳什。

冯·诺伊曼晚年对大脑产生了兴趣,在其死后才出版的一篇关于人类大脑与计算机类比的文章中,主张大脑的功能有二元及模拟两种模式。此外,他写道:"大脑很少使用类似个人计算机中的冯·诺伊曼结构,而是用现代超级计算机使用的平行处理方法。"他预见了神经网络理论,这项理论在现今的人工智能研究中扮演重要的角色。

冯·诺伊曼热衷于享乐,他与第一任妻子玛丽达(Marietta),以及离婚后再娶的第二任妻子克拉丽(Klari)——两人都来自布达佩斯,都试着把夜总会的气氛带进美国,他还在柏林就学时便沉迷于夜总会。冯·诺伊曼在普林斯顿舍弃彻夜狂欢的派对,已成为一种难以置信的传说。

冯·诺伊曼一生获奖无数、头衔无数,一生的最后几个月却过得很困苦。他在52岁时得知自己罹患癌症,但却已无法避免必然的后果,这位头脑停不下来的科学家白天被困坐在轮椅上,夜间受疾病彻夜发作的折磨。一年后,1957年2月8日,冯诺伊曼终于向病魔投降,病逝于华盛顿特区的华特里德医院。

17 几何学大复活

◆ **摘要：** 由美国建筑师富勒设计的著名多面体测地圆顶，为1967年蒙特利尔世界博览会的标志。只要观察数千个三角形如何共同组成一个圆顶，就能了解它真的是依据考克斯特的初步研究建造成的。

回溯到1950年代，当时几何学看起来就像一门几乎快绝迹的学科。虽然学校老师必须教授学生几何，但对研究人员而言，这门数学分支完全无法引起他们的兴趣。许多数学家认为几何学不过是顶旧帽子，幸好有个异类不这么想，他的名字叫考克斯特（Harold S. M. Coxeter, 1907—2003）。

1907年2月9日，考克斯特出生于英国伦敦，在他还只是个就读文法学校的小男孩时，惊人的数学天分就吸引了旁人的注意。他的父亲考克斯特爵士将儿子引见给罗素（Bertrand Russell, 1872—1970），这位哲学家建议他们在家教育这个小男孩，直到他到了年龄可以进入剑桥大学。即使在剑桥这个英国首屈一指的学术中心，考克斯特也很快赢得了天才数学家的声誉。剑桥最著名的哲学家维特根施泰因(Ludwig Wittgenstein, 1889—1951)将考克斯特选为准许参加他的数学哲学讲座的仅5位学生之一。

考克斯特取得剑桥的博士学位后,受邀至普林斯顿大学做访问学者。第二次世界大战爆发前不久,他接受了多伦多大学的教职,他就在这个远离世界其他知名数学中心的偏远之地,工作了60多年。现在考克斯特被公认为20世纪最卓越的经典及现代几何学代表人物之一。

1938年,欧洲及美国面临政治骚乱,考克斯特默默隐身于多伦多的办公室,在墙上写满了数学模型。他的发现及理论超越了数学,显著影响了其他领域,包括建筑学及艺术。考克斯特的多面体研究(如骰子与金字塔),以及其高维度对应体(称为多胞形),为 C_{60} 分子(形状就像足球)的发现铺好了路。①

由美国建筑师富勒(Buckminster Fuller, 1895—1983)设计的著名多面体测地圆顶——1967年蒙特利尔世界博览会的标志,正是在考克斯特的几何研究基础上设计的众多建筑之一。②只要观察数千个三角形如何共同组成一个圆顶,就能了解它真的是依据考克斯特的初步研究建造成的。

考克斯特也相当具有艺术天赋,尤其是在音乐方面。他终身深受数学完美之吸引,他与荷兰图像艺术家埃舍尔(M.C.Escher)的合作,堪称历史上科学与艺术最有趣、充实的伙伴关系。遇见考克斯特之前,埃舍尔已经厌倦了老是在空白画布上写生花果鸟鱼,他

---

① C_{60} 分子现在被称为"巴基球"(Buckyball),因为它的形状酷似"巴基"·富勒的多面体圆顶。——原注

② 考克斯特的研究让科学家克罗托(Harold Kroto)、柯尔(Robert Curl)与斯莫利(Richard Smalley)得以进行他们的研究,并因而获得了1996年诺贝尔化学奖。——原注

想要画些不同的,实际上,他想描绘的正是"无穷"。1954年,国际数学家大会在阿姆斯特丹举行,两人在大会中经人介绍后互相认识,后来成为了终身好友。会面后不久,考克斯特寄了一篇他的几何学论文给这位新朋友,希望他能阅读并评论。虽然埃舍尔完全欠缺数学知识,却对考克斯特画的数学图形印象深刻。他立即创造了一组题为"圆形极限Ⅰ-Ⅳ"的图画,用圆形及正方形框住的特定图形,愈靠近外框尺寸愈小。埃舍尔捕捉到了无限。

考克斯特将自己的长寿归因于对数学的爱、素食、每天50下仰卧起坐以及对数学的奉献。就像他对同事说的,他从未觉得厌倦,而且"一直领薪水做自己喜欢做的事"。

考克斯特原来安排,2003年8月要在布达佩斯举行的对称嘉年华大会上致词。2月时,96岁高龄的考克斯特仍旧热心准备,写信给主办人表示很乐意参加,如果届时他还活着的话,一切"悉听神祇"。信中还提到他打算做主题为"绝对规律性"的演讲。但上帝另有安排,写完信之后几星期,2003年3月31日,考克斯特在多伦多的家中平静过世。

18 智慧,并不比天气复杂?

◆ **摘要**:沃尔弗拉姆确信那个有小黑方块的棋盘方格中隐藏着宇宙秘密之钥,认为自己已经找到了所有生命的秘密。

2002年5月,一个美好的春日,英国出生的物理学家沃尔弗拉姆(Stephen Wolfram)终于准备将他的大作《一种新科学》(*A New Kind of Science*)呈现给全世界。该书的发行花了漫长的时间,先做了宣布,然后在3年间数度延期。正式发行前几个月,一篇书评赞扬此书是破天荒的著作,必将影响整个世界。顺便说起,这篇书评就像该书一样,是沃尔弗拉姆自己的出版社发表的。如果你相信作者自己的宣言,或者喜欢公关公司的媒体宣传,大概会假设该书可以媲美牛顿的《自然哲学之数学原理》(*Philosophiae Naturalis Principia Mathematica*)和达尔文(Charles Darwin, 1809—1882)的《物种起源》(*The Origin of Species*)。甚至认为这位作者的著作与《圣经》相比都毫不逊色。

由于出版这本书所引起的骚动,《一种新科学》一书很快在亚马逊网上书店(Amazon.com)的畅销排行榜排名第一,而且稳坐宝座数星期之久,就不足为奇了。这本5磅①重的大部头书籍不少于1197页,而且不是一般人随便就能看懂的,坚韧不拔的读者很快就发现,沃尔弗拉姆的意图正是要彻底改变科学这个概念。沃尔弗拉姆在书中提供了广泛领域问题的解答,包括热力学第二定律、生物学的复杂性、数学的极限以及自由意志与决定论②之间的冲突。简言之,该书被尊奉为所有问题的最后解答,这些问题无一例外都是几代科学家一直奋力求解却不得的问题。作者在该书的前言中表示,《一种新科学》重新定义了科学的各个分支。这是沃尔弗拉姆的信念,或者说,他要我们相信的信念。

这个对自己近乎神圣的天赋充满信心的人是谁?沃尔弗拉姆1959年出生于伦敦的一个小康家庭,双亲是哲学教授和小说家(若这里有大男人主义的读者,我要特此说明:母亲是教授,父亲是小说家)。他们把这个小伙子送到伊顿公学(Eton College),而他15岁时就写了第一篇物理论文,而且很快就被一家声誉卓著的科学期刊接受。为了遵循英国学术精英之路,沃尔弗拉姆进入牛津大学就读,17岁毕业,其他许多男孩在这个年龄不过才正要开始申请大学。20岁时,他不但在加州理工学院(CIT)取得博士学位,而且已经发表了近12篇论文。

2年后,也就是1981年,沃尔弗拉姆获得麦克阿瑟基金会的奖学金,成为该奖项有史以来最年轻的得奖者。这项奖学金通常被称为"天才奖",专门提供给展现研究工作原创性的杰出人士,让科学家能有5年完全不被资金所困的时间。因为版权和专利权的原

---

① 1磅相当于0.45千克。——译者
② 哲学理论的一种,主张一切事件完全受先前存在的原因决定。——译者

因，脾气有些暴躁的沃尔弗拉姆与加州理工学院产生了一些龃龉，跳槽到新泽西州普林斯顿高等研究院，当时他的兴趣横跨宇宙论、基本粒子和计算机科学领域。

最后他找到一个课题，这个课题可以作为他当时（如果你相信他的公关用语）革命性发现的基础：胞腔自动机。多年前，1940年代，传奇的冯·诺伊曼（也是沃尔弗拉姆在高等研究院的前辈之一）提出了胞腔自动机的想法，但念头仅一闪即过，很快就对它们失去了兴趣。事实上，冯·诺伊曼过世后，他所撰写的关于这个主题的文章才发表出来，而且没有人传承延续这个概念，因此这个议题不久几乎消失了。

到了1970年代，大洋另一端的英国剑桥数学家康韦（John Conway, 1937—　）提出了胞腔自动机的原型。虽然胞腔自动机的原型以名为"生命游戏"（The Game of Life）的计算机游戏型态出现，但其实这并不是游戏，而是一种概念。生命游戏使用一种类似国际象棋棋盘的方格，不同之处在于黑白格子并不是交互排列，而是随机分布。你可以把这些格子解读为最初的菌落族群，然后有几个非常简单的规则可以决定这些族群如何繁殖，有些细菌会存活，有些则死去，还有新的菌落会发展出来。

虽然决定存活与繁殖的规则很简单，例如如果细菌有3个以上的邻居，它就会死去，但棋盘上发生的状况却一点也不简单：族群型式出现复杂的发展，有些菌落死去，有些不知从哪儿跑了出来，还有一些在两个或更多个状态之间摇摆不定。然后，一些菌落持续灭亡到只剩下寥寥几个。令人惊讶的是，只是少数几项简单规则，就可以产生如此多变的不同状态与结果。在《科学美国人》（Scientific American）刊登了一篇关于生命游戏的文章后，这个游戏变得十分流行；根据估计，计算机花在这个游戏上的时间比任何其他程序都多，它成了当红炸子鸡。

沃尔弗拉姆也不例外，但他不是只用生命游戏来消磨时间，还做了更进一步的研究。严密分析检验游戏后，他把演化出的形态加以分类。后来，1983年他在《现代物理学评论》(Review of Modern Physics)上发表文章，名为"胞腔自动机的统计力学"(Statistical Mechanics of Cellular Automata)，这篇文章现在已经被公认为胞腔自动机的标准入门教材。

这时沃尔弗拉姆只有24岁，仍在追求学术生涯的发展，他从高等研究院跳槽到伊利诺伊大学，相信自己的研究可以开启大众对胞腔自动机的兴趣。然而，只有少数同行对这个议题感兴趣，沃尔弗拉姆尚未获得公众的赞赏及认同，他无法大展身手，颇为失望。但沃尔弗拉姆从不缺乏新点子，他转向新的职业生涯，成为一名企业家。

沃尔弗拉姆当然不会毫无准备就冒险进入管理领域，在他还是一名科学家时，他已经开发出一套软件来执行符号数学(symbolic mathematics)。换言之，这套软件不仅能进行数值计算，还能操作方程式或求解复杂的积分，并进行一大堆其他的精密计算。不到两年，他已经把软件开发为商品，以"Mathematica"之名发售，立刻成为畅销商品。现在大学与大型企业里约有200万专业人士使用Mathematica，包括工程师、数学家及企业家。凭借这项广泛使用的商业化创新科学软件，约300名员工的沃尔弗拉姆公司(Wolfram Inc.)至今仍生意兴隆。

这项新财源让沃尔弗拉姆得以无需他顾地回到科学工作中来，接下来十年每晚都埋首研究。他确信那个有小黑方块的棋盘方格中隐藏着宇宙秘密之钥，认为自己已经找到了所有生命的秘密。

自然科学家常常相信，所有物理、生物、心理与演化的现象都能用数学模型来解释，沃尔弗拉姆也不例外。但是他相信，并不是全部的现象都可以用数学公式解释，只要把变量与参数插入其中适当的位置就大功告成了；相反的，他主张一而再、再而三地重复一系列简单的算术计算，即所谓的"算法"（algorithm）。只观察中间的解答过程，通常无法预测最终的结果，只有执行完整个算法，才能得到最终结果。

通过检视模拟胞腔自动机的算法结果，沃尔弗拉姆发现它们可用来模仿自然界的模式，例如某些胞腔自动机的开发与结晶的生长、液体中湍流的出现和材料中断裂的生成非常类似。因此他指出，即使十分简单的计算程序也能模拟各种现象的特征。对沃尔弗拉姆来说，这只是为解释世界创生迈出的一小步：重复几种计算几百万次或几十亿次，便会产生宇宙的一切复杂性。在此书里他提出的论点不可思议地简单，因而也颇为令人料想不到：胞腔计算机能解释一切自然界的模式。在数年夜间研究期间，沃尔弗拉姆用胞腔计算机能设法模拟越来越多的自然现象。有时他必须执行数百万个版本才能得到合适的自动机，但自动机最后总是能成功运作，无论用在热力学、量子力学、生物学、植物学、动物学或金融市场中都是这样。沃尔弗拉姆甚至声称，人类自由意志的结果可以用胞腔自动机流程来描述，他坚信非常简单的行为规则（类似胞腔自动机）决定了我们大脑中神经元的运作。重复这些行为模式数百万次，就能呈现出看来复杂的思考方式。原则上，我们向来所认知的智慧，并不比天气复杂。他也断定，只要让算法执行一段足够长的时间，一组非常简单的计算就能复制出宇宙的最后与最小的细节。

沃尔弗拉姆几年间一直独自工作，只与少数信得过的同事分享想法，这种做法其实好坏参半。一方面，沃尔弗拉姆不必冒险让自己暴露在批评或嘲笑中；另一方面，没有人可以检验他的论点或建议他改进。但沃尔弗拉姆做得很好，在读完近1200页的文章后，即使最多疑的读者也会被说服，相信胞腔自动机能够极佳地模拟无数自然现象的模式。

但那是否表示自动机确实是所有自然界模式的源头？不，这太超乎想象了。让类比与模拟取代科学证明，是简直不能被接受的想法。举例来说，我们参观杜莎夫人蜡像馆时，站在与本尊一模一样的猫王蜡像前面，是否可以归纳出猫王是蜡制的？当然不行。沃尔弗拉姆可不同意，对他来说，问题在于你对模型的需求。以他的观点，模型若能描述自然现象最重要的特征，就是好模型。他指出，即使是数学公式，也只能提供我们对所观察到的现象的描述，而非解释。沃尔弗拉姆表示，如果猫王最重要的特征是他的外表，那么蜡像就应该被认为是很好的模型，无论你的目的为何。

这种论点能否说服其他科学家还有待观察，但沃尔弗拉姆一点也不担心。他想让大众都来读他的书，而不是特定的少数人；就此目的来说，他的确很成功，不只是因为有了油嘴滑舌的宣传机器。

19 幻想工程部的副总裁

◆ 摘要：希利斯是著名的"联结机器"设计者，他设计的计算机整合并联结了 65 536 个之多的处理器，能够以前所未见的速率执行运算。希利斯的下一个探险，是关于迪士尼幻想工程，后来他终于在米老鼠的母公司担任研发副总裁，梦想成真！

希利斯（Daniel Hillis, 1956— ）看起来不像是刚被提名为百万美元奖金"丹戴维奖"（Dan David Prizes）得主的人，一点也不像！然而，这的确是发生在这位世界知名计算机科学家与企业家身上的事。以色列特拉维夫大学每年颁发这个奖项，给予在科学或技术方面有卓越贡献的一些科学家。希利斯谦逊、稳重，是个顶尖的思想家，他的挚友中有诺贝尔奖得主、著名科学家及美国最著名大学的教授。

仔细端详，希利斯甚至不像一个研究人员，不过看起来也不像生意人。2002 年 5 月，笔者代表瑞士《新苏黎世报》（Neue Zürcher Zeitung）访问他时，坐在他的对面，仿佛看到了一个大小孩。他淘气又不断微笑的脸孔有高度感染力，你会不由自主地想要分享他的好心情。当这位以拥有40项之多专利为荣的知名得奖者舒服地坐在特拉维夫希尔顿饭店贵宾室的高雅皮沙发上时,他似乎也对自己及整个世界感到满足。

希利斯穿着牛仔裤和开襟衬衫,脚踏运动鞋,稀疏的头发绑成马尾。他有着天才的冷静,属于那种坐在大学的咖啡厅里休息,不费吹灰之力就能想出最为奇妙主意的人。不难将这个毫不矫饰的人想象成一个坐在家中卧室地毯上、笨拙地修补机器人的小男孩。我的脑海里浮现其他比喻,例如迪士尼(Walt Disney)的吉罗·吉尔鲁斯①,他以许多不可能的发明,娱乐了全世界的儿童;或者Q博士,他是设计007情报员神奇道具的主脑人物。

但希利斯已经完全是个大人了,既没有坐在自己的游戏间玩机器人,也没有开着救火车四处跑。他现在沉浸于与索尔克生物研究中心著名科学家布伦纳(Sydney Brenner, 1927—)教授的对话中,布伦纳刚好也是丹戴维奖的得主,这位教授似乎很习惯认真看待这个大孩子。

事实上,几乎每个人都很认真地对待希利斯。理由很简单,希利斯是传奇的"联结机器"的设计者,这部计算机整合并联结了65 536个之多的处理器,能够以前所未见的速率执行运算。希利斯设计这部计算机时,遇到大量当时仍是无解的问题,因为科学家相信那65 536个芯片只能在串行机器上运行,但希利斯却必须让它们以并行方式运行。希利斯那时还是麻省理工学院的学生,受到大脑结构的启发,发明了联结机器,但两者当然还有很大差异。一方面,与大脑里的神经元数目相较,芯片数量仍微不足道;另一

---

① 唐老鸭卡通中的人物,一个聪明却心不在焉的技术狂热者兼发明家。——译注

方面,计算机芯片彼此之间的沟通速度,远远比神经电波的传递快。希利斯让这个由65 536个芯片组成的乐团,依指挥家指挥棒的节拍演奏,克服了所有困难。联结机器最后不仅实现了商业化,也顺便被他拿来作为他博士论文的题目。

1986年某一天,希利斯这个永远的孩子,觉得该是从思考机器公司的工作中跳出来喘口气的时候了,那是他在几年前为了开发联结机器所成立的公司。他没有多加考虑,随即动身前往奥兰多的迪士尼世界,在白雪公主的城堡前愉快地安顿下来,开始撰写博士论文。这成了他的习惯,每天都跑到主题公园里,找到一个安静的地点后,开始舒适地写论文。

他的并行计算构想相当前卫,它受到的关注远远超出计算机科学技术界,而且首先激起了商界的兴趣。最后他卖出了70%左右的机器,不过并非就此一帆风顺。联结机器错综复杂的结构,使撰写专用软件程序异常困难又费力。大家都知道,如果没有软件,硬件的价值就和其制造的原料锡和硅差不多,所以希利斯决定寻求新的创新途径。

希利斯的下一个探险,是关于迪士尼幻想工程,他终于在米老鼠的母公司担任研发副总裁,梦想成真!在那里,他可以完全实现自己儿时的梦想。他最初只打算呆两年,但是因为在开发电影、旋转木马、电视系列剧的创新技术中获得了许多乐趣,因此整整呆了5年。然而,一天早上醒来,他发现当下从事的项目对人类的重要性及带来的益处,可能不符合自己原先的期望,因此毫不犹豫地转换跑道。但他在迪士尼幻想工程中学会了重要的一课:不可过高评价组织与沟通信息所需的说故事的艺术。的确,迪士尼传递信息的方式比工程师所用的方法更有效率得多。

因此，希利斯理所当然地将后来成立的"应用心灵"（Applied Minds）科技研发公司的主要宗旨之一定为：以能够轻易理解的方式将信息传达给公众。应用心灵公司是由一位电影制作人及约30位科学家与工程师的团队所组成，总是不断发明"东西"。希利斯身为执行官，当然不能泄露"应用心灵"最后想带给市场的到底是什么样的东西。他小声地说，那仍是商业机密，而且脸上带着神秘的微笑。他仅表示，"我不再想让计算机更加聪明了，现在我只想让人更聪明"。然后，他补充说，公司所经营的业务，其重要性不仅在于能够做事情，而且应该娱乐感官。在此之上，他们还必须有改变世界的潜力，既明确又单纯。希利斯指出，他最喜欢的项目，是那些综合了硬件、软件与机械及电子的问题。他和公司员工负责开发构想及构建原型，例行的制造与营销工作留待有关专业人士执行。这位马尾发型的科学家虽然用语谦虚低调，不过他可是美国政府的顾问。

他希望如何利用丹戴维奖的奖金？希利斯打算先捐出部分奖金给非营利组织，然后用最大一部分的奖金设立基金会，资助他的一个构想——建造万年机械钟。几年前，希利斯秉持着内在的童真，心生一个主意，想建造能至少运行万年的时钟，而且每千年响一次。希利斯说，这个构想能鼓励人们做长期思考，并延长他们的时间感。

由于我们的文明还太年轻，这项计划的长期含义令人惊讶。谁会知道一万年后的钟会变成什么样子？或是以这件事来说，测量时间意指什么？将来谁能维修这个钟，或知道如何阅读操作指南？原本看来相当天真的计划，忽然变成了大工程。这项规划中的工程，不仅突显了随着这种历史性作品而衍生的技术问题，更重要的是，迫使建造者与旁观者注意到人类学、文化史与哲学的相关议题。

这个机械钟的第一个原型已经建造好并开始运作,在伦敦的科学博物馆(Science Museum)展出。1999年12月31日午夜之前几小时,科学家和工程师才完成工作,希利斯差一点就无法目睹最令人兴奋的时刻。他早就打算要亲眼看着这个时光机器从01999跳到02000,而所有努力差点付诸东流。在历史时刻来临前的6小时,希利斯的一位同事注意到显示世纪的环形电路插错了电源。如果没有发现这个错误,这个时钟运行的第一个千禧年的最关键时刻可能就要被毁了,因为时钟会从01999跳到02800。工程师疯狂赶工到最后一分钟,才把事情搞定。然后,随着午夜来临,两声低沉的钟声响起,钟面上日期指示器的数字顺利从01999变成02000。

希利斯正在考虑,想用他的丹戴维奖金在耶路撒冷建造另一个万年钟,这个想法可能源于圣城与过去、未来的密切联系,但更可能是受到在时钟上加上犹太教、伊斯兰教与基督教的历法系统这项挑战吸引。

访问接近尾声时,希利斯忽然话锋一转,谈起了学生时代,并从口袋中拿出一本笔记本,开始在纸上潦草地写下一个数学公式。他淘气地说明,那个数学式代表他在麻省理工学院读书时解出的一个数学定理,虽然他的教授曾强烈质疑。这位教授是世界知名的组合论专家,但他也最终不得不承认他的学生是对的。这已经是$\frac{1}{4}$世纪以前的事了,希利斯现在是百万美元奖金得主,可以坐在豪华饭店的贵宾室里,微笑着回忆往日的成功。解决艰涩的数学谜题、证明教授的错误所带来的喜悦,至今仍刻画在他的脸上。

20 被降级的退休数学教授

◆ **摘要**：要得到爱尔特希一号头衔，必须曾经与爱尔特希共同发表文章；而想获得爱尔特希二号头衔，必须和曾与爱尔特希共同发表过文章的数学家共同发表文章，依此类推。

施佩克尔（Ernst Specker）是苏黎世瑞士联邦理工学院荣誉退休数学教授，最近刚庆祝82岁大寿。然而，这位有点驼背却生气勃勃的老先生，还是像1960年代后期笔者上他的线性代数课时一样灵活机敏、头脑清晰。事实上，"荣誉退休"一词用在施佩克尔身上并不十分贴切。他表示，只要凭常识就知道这个词美化了事情的真相。接着，他的眼光闪烁了一下，继续补充说，他认为其实自己是被降级了，因为无论何时，当他想办一场演讲或组织一场数学研讨会时，都必须向大学申请许可。不过这个说法也显示出，这件15年前发生的降级事件并未减损他对工作的热忱。退休之后，他仍然几乎不间断地每周举办有名的逻辑研讨会；但到了2001年至2002年的学年末的某一天，研讨会终于永久结束——大约60年前就开始在苏黎世瑞士联邦理工学院持续举办的系列研讨会，再也不会出现在学年的行事历上,因为高层的决策决定一切。

施佩克尔是最仁慈、友善的人,又有幽默感,来自全球各地的许多学生在苏黎世瑞士联邦理工学院接受口试时,都可以证明这点。有个可怜的考生受困于错误的答案,不知道如何继续下去,幸而当时的面试官中有施佩克尔。这位教授先生提供了足够的暗示与提示,就算最紧张的考生也能蹒跚地找到正确的答案。

作为数学家,施佩克尔非常开明,随时准备好探索新的、甚至稀奇古怪的概念,笔者可以用他的线性代数课证明这点。这位教授会站在讲台前,拿着粉笔,详细解释线性方程组与矩阵,在老式黑板上忙着写满方程和公式,很快黑板空间用完了,他把整面黑板擦干净,重新开始。一个星期接着一个星期,"写、擦、写、擦……"的程序就这么持续下去,最后施佩克尔受不了,开始寻找另一种方式来讲授这门课。他想出一个自认巧妙的主意——黑板上布满了白色粉笔的笔迹之后,他改用黄色粉笔。于是,他不必再擦黑板了! 只要在白色数学式上用黄色粉笔写上新的式子即可,然后提醒学生不必管原来的白色笔迹,只要注意黄色的部分就好。不久,不出所料,黑板上难以置信地一团混乱,幸而施佩克尔是个真正的数学家,很快就发现这样行不通,宣布放弃这个方式,讲堂里立刻响起学生松了一口气的叹息声。

施佩克尔年轻时曾罹患结核病,童年时期被迫在瑞士阿尔卑斯山区的度假胜地达沃斯养病,那里以干燥、干净的空气闻名。他在达沃斯当地的私立学校就读,然后再搬到苏黎世读中学。毫无疑问施佩克尔内心一直想要遵循父亲的脚步进驻法律界,但他很快就察觉法律课程无法满足他。他无法接受律师追求真相的方式,反而为数学家寻求和提供证明的方式所吸引。于是他在1940

年进入苏黎世瑞士联邦理工学院就读；到了1949年，年方二十九的施佩克尔就受邀至新泽西州普林斯顿高等研究院工作一年。在这个传奇的机构中，施佩克尔认识了一些杰出人士，如哥德尔（Kurt Gödel, 1906—1978）、爱因斯坦及冯·诺伊曼。

1950年秋天，施佩克尔回到瑞士，苏黎世瑞士联邦理工学院立刻聘他为讲师；5年后，他受聘为正教授。他在当时作出了一个革命性的发现：哈佛哲学家奎因（Willard Van Orman Quine, 1908—2000）的形式化集合论里，所谓选择公理（axiom of choice）并不成立。这项论点果然引起轰动，施佩克尔立即收到了去纽约州康乃尔大学伊塞卡分校担任教授的邀请。

数学家们如何为证明被经年累月探究的问题寻找灵感？施佩克尔的回答是："没有人知道。"即使在洗澡或刮胡子时，都有可能灵光一闪。他伸出一根手指，郑重强调，重要的是一定要完全放松，因为压力会破坏创造力。还有一件事，"千万别因起步的错误而气馁"。施佩克尔强调，起步的错误常常有助于后来的研究，甚至形成未来研究的基础。

因为家人希望施佩克尔留在瑞士，他拒绝了康乃尔大学的教职，但是受到美国顶尖大学邀请的事传到了家乡。施佩克尔家乡的学校（即瑞士联邦理工学院）意识到他是极有价值的资产，必须善加爱护，学校行政当局免除了他的入门课程的教学负担，这类课程通常很乏味，原本他如所有数学系的教授，必须负责为工科学生上这些课。校方允许他全力追求自己的专业，接下来的50年，施佩克尔对多个领域皆有革命性贡献，包括拓扑学、代数、组合理论、逻辑、数学基本原理以及算法理论等。

一天，著名匈牙利数学家爱尔特希（Paul Erdös, 1913—1996）造访苏黎世，施佩克尔与他合作完成了一篇短文。这篇文章让他获得了梦寐以求的"爱尔特希一号"头衔，全球约有500位数学家曾获此殊荣。爱尔特希编号的由来，是因为这位匈牙利数学家曾与数量多到前所未有的同行合作过。要得到爱尔特希一号头衔，必须曾经与爱尔特希共同发表文章；而想获得爱尔特希二号头衔，必须和曾与爱尔特希共同发表过文章的数学家共同发表文章，依此类推。作为数学家，施佩克尔立刻以数学公式来表达这项规律：每位与爱尔特希n号的作者共同发表文章的作者，自动成为爱尔特希$n+1$号。成为爱尔特希一号精英数学家团体一员后不久，施佩克尔发现自己成为一大群数学家的目标，大家争相恳求与他一起发表文章，以便获得渴望的荣誉头衔——爱尔特希二号（约有4500位数学家是爱尔特希二号）。

大家常问施佩克尔："逻辑对日常生活有何用处？"他的回答是，逻辑当然可以帮助你判断一个答案是否正确、何时正确，但它还可以应用在其他领域，如语言学或计算机科学，这些学科只有首先经过逻辑的形式体系化后，才成为严密的科学分支。

我们可以举一个问题为例："是否存在一个计算机程序，能够检验其他程序及它本身是否正确？"经由逻辑判断后，答案很明显："没有这种程序。"另外还有关于问题复杂性的疑问，例如："我们知道一个人有能力解出一个问题，却必须花无限长（或至少几十亿年）的时间来计算答案，这个答案有没有用？"最后，即使是物理学的问题，也可以利用逻辑论证的方式解决。举例来说，施佩克尔与普林斯顿大学的科亨（Simon Kochen）一起以纯逻辑论证证明了隐变量在量子力学中并不存在，因此隐变量不能如爱因斯坦所期望的那样，去解释某些量子力学的现象。

施佩克尔在世界各地巡回演讲,参加学术研讨会,但仍然以家庭为重,喜欢与8个孙儿共度时光。他甜蜜地回忆起最近一次与一个孙女共进午餐,当时和她极愉快地聊了好几小时数学。他微笑着解释说,这是一次"真正美好的体验"。

21 永久客座教授的数学大师

◆ **摘要**：无论何时，只要埃克曼开始探索新构想，就好像展开了一段新探险。乐观与失望交替出现，直到最后达成突破为止。

如果你想找瑞士籍的数学大师，那么埃克曼（Beno Eckmann, 1917— ）这个名字一定会在你的脑海浮现。87岁高龄的埃克曼是苏黎世瑞士联邦理工学院的永久客座教授，虽然20年前他就获得了这项荣誉退职头衔，但仍活跃一如往昔。

埃克曼在瑞士首都伯尔尼长大，是个快乐的小伙子，学校生活对他来说相当轻松，而且他特别喜欢数学课，不过少年时期他并未显露出想以数学家为职业的意向。事实上，他的老师也反对他走这条路，他们认为数学领域里所有能被发现的东西都已经被挖掘出来了；更重要的是，他们告诉年轻的埃克曼，念数学没有前途。

这些警告没起作用，1935年，埃克曼还是决定依照自己的喜好，进入苏黎世瑞士联邦理工学院，攻读物理学及数学。突然间，通往崭新世界的大门为他敞开，这里是全球最先进的科学机构之一，有最著名的科学家在此任教，包括未来的诺贝尔物理学奖得主泡利(Wolfgang Pauli, 1900—1958)和德国数学家霍普夫(Heinz Hopf, 1894—1971),他们将教导这一小群数学系学生视为自己的天职。1931年,霍普夫从德国移民到苏黎世,当时他是从事拓扑学领域研究的一流数学家,那时拓扑学还只是个处理高维空间结构问题的新兴领域。埃克曼也察觉到机会已经出现,试着伸出双手抓住机会,他请求这位著名的数学家指导他撰写博士论文。即使以苏黎世瑞士联邦理工学院的高标准来衡量,埃克曼的论文仍获得了极高评价,因而埃克曼理所当然得奖。

埃克曼的声望很快就从苏黎世传播出去;1942年,他获得瑞士法语区洛桑大学特任教授职位。那时正值第二次世界大战时期,瑞士备受战火威胁,这位年轻教授是一个爱国者,接到征召时毫不犹豫地投笔从戎。不过他巧妙地把炮兵侦察员军职与学校教职结合,一方面在大学讲课,另一方面在军中服役,每两个星期轮换一次。

战后埃克曼受邀担任新泽西州普林斯顿高等研究院的客座教授两年,在那里结识了外尔(Hermann Weyl, 1885—1955)及其他被认为是数学家与物理学家黄金组合的成员,包括爱因斯坦、哥德尔和冯·诺伊曼。不消说也知道爱因斯坦是个抢手人物,他是每个人都想认识的大明星。事实上,这位相对论的发现者已经厌倦了自己的名声以及络绎不绝的访客。但在爱因斯坦眼中,埃克曼似乎是个例外,这位物理巨擘还会邀请他到家中喝茶。这可能是由于爱因斯坦对苏黎世及伯尔尼留有温馨的印象,他曾在两地度过几年值得回忆的时光,而埃克曼正来自那里。他对这位瑞士年轻人的喜爱更可能是因为埃克曼迷人的个性以及研究科学时的诚恳态度和天分。

在埃克曼的印象中,高等研究院另一位大明星冯·诺伊曼比较平易近人。想起冯·诺伊曼在普林斯顿宴请朋友的轶事时,埃克曼脸上浮现出微笑。(有一个关于这位数学家在乡间道路上开快车的故事。要先说明的是,虽然冯·诺伊曼热爱开快车,很不幸却没有足以匹配的驾驶技术。有一次,他很严肃地告诉旁边的人:"我的车速是每小时60英里,忽然间,前面来了一棵树,然后……砰!撞车!")

1948年,埃克曼接到苏黎世瑞士联邦理工学院的正教授职位的聘任书。他发表过的论文加起来有120篇左右,与现今数学家的标准"著作列表"相较,似乎不是很多。但他的论文内容不仅广泛,而且篇幅很长,涵盖了许多经常变动的领域,除了指出新方向,还提供了全新的见解。

然而,造就埃克曼声誉的不光是他的著作表,更让人印象深刻的是他指导的博士生的数量,总计超过60人。选择他作为其论文的指导教授的博士生,对埃克曼持续从事的尖端研究记忆深刻,而他与学生沟通时的仁慈及友善态度,也深深吸引他们。其实能发现埃克曼是一位模范教授的人是幸运的,他的博士生中超过一半后来也成为教授,指导自己的学生写论文。这位高龄八十有余的教授身材依然清瘦,身后墙上挂的谱系图中有5代之多,共600多位博士后代。

埃克曼向来对几何、代数与集合论间的关联感到着迷,一直在寻找已经被他解开的问题间到新数学问题间的联系路径。埃克曼警告,对数学家而言,相关性永不应是指导原则,但有时你也可以意外发现实际运用方式。关于这点,埃克曼有一个实际的例子,1954年他发表了研究中的一个理论片段;近半世纪后,才发现这个理论可以应用于经济学,这让他大吃一惊。

埃克曼的影响也显现在1964年他所创始的研究计划中,当时科学家正对如何宣传他们的研究感到困扰。因特网的时代尚未来临,在期刊上发表新研究成果往往耗时数月甚至数年,较快传播新成果的方式可能只有靠偶尔举办的研讨会或学术座谈会,因此埃克曼决心想办法来解决这个难以令人满意的现状。一天,一个想法浮现在他的脑海里:如何以有限的费用来公开和营销大众都有兴趣的研究成果?他立即与海德堡著名的斯普林格出版公司(Springer Publishing Company)创办人斯普林格(Julius Springer)的继承人分享这个构想,当时这位继承人刚好在苏黎世攻读生物学。

他的想法很简单:只需要印出手稿即可,不须经过编辑的加工,只要装订好,就以最低廉的价格贩卖。于是1964年出现的《数学讲义》(Lecture Notes in Mathematics)丛书,成为对全球数学界最有价值的服务,而且由于埃克曼及另一位同事的持续督导及关注,现在该丛书已经出版了1800册左右。

埃克曼从未逃避行政责任,他还相信除了研究工作之外,教授也有义务在学校的行政事务上贡献部分心力。他一直是这方面的典范,尤其值得注意的是,埃克曼在苏黎世瑞士联邦理工学院1964年成立的数学研究所担任所长20年之久,现在许多地方都有类似的机构,如巴塞罗那及俄亥俄州哥伦布市。埃克曼也协助以色列成立了许多相同性质的机构,并还同它们保持联系,如海法的工程技术学院、耶路撒冷的希伯来大学、特拉维夫的巴伊兰大学以及贝尔谢巴的班固然大学。

仔细回想长达近70年的数学生涯,埃克曼不得不承认自己所处的这门学科已经发生了许多变化。这种经常变动的状态不仅是必要的,也是发展新方法与创新观念的机会。

无论何时,只要埃克曼开始探索新构想,就好像展开了一段新探险。乐观与失望交替出现,直到最后达成突破为止。埃克曼以怀念的语气说,在如此场合下,降临在科学家身上的感觉是难以言喻的,只有那些有幸体验过的人才知道个中滋味。

第五章

具体与抽象

有趣的数学故事:

◎利用纽结理论,你可以算出领带有几种不同打法吗?

◎怎样绑鞋带最省力?

◎爱国者导弹发生了什么致命错误,以致无法拦截飞毛腿导弹?

◎俄罗斯方块不仅是迷人的计算机游戏,也是著名的数学问题。

◎著名数学家费马的猜想,竟然是错的!

◎数学家索姆提出的"突变"理论,被各行各业引用后,竟变成一场灾难!

◎对称或不对称,哪一种才是理想的状态?

22 魔术师的"结"

◆ **摘要**：科学家对纽结理论也很有兴趣。两位剑桥的物理学家研究优雅男士在领带上需要花费的工夫，他们发现有不下于85种打领带的方式。

公元前333年，亚历山大大帝（Alexander the Great，公元前356—公元前323）劈开戈尔狄安结（Gordian knot）①的时候，一定不了解这项恶劣行径的数学意义。同样，童子军、登山者、渔夫或水手在打结时，也不会关心此过程中牵涉到的高等数学知识。只有科学家才会因为一个错误而立即注意到"结"这个东西。下面就是事情的经由。

苏格兰科学家开尔文勋爵（Lord Kelvin，1824—1907）于临终前

---

① 戈尔狄安是公元前4世纪时小亚细亚地区的一个国王，他用一根绳子把一辆牛车的车辕和车轭系了起来，然后打了一个找不到结头的死结，声称谁能打开这个难解的结，就可以称王亚洲。到了公元前333年，亚历山大大帝攻入小亚细亚，为了向部众及敌手证明自己征服世界的使命必将达成，一刀砍开了戈尔狄安城中宙斯神庙前牛车车杆上的戈尔狄安结。——译者

相信，原子是由微小的管子组成，这些管子会相互交缠，然后在以太中高速移动。在普遍接受开尔文勋爵的这个理论约20年之后，这项理论被证明是错的，但这个错误的信念却让另一位苏格兰物理学家泰特(Peter Tait, 1831—1901)兴起了将所有可能的纽结做分类的念头（数学中的纽结与日常生活的结不同，它们的自由两端是彼此连接在一起的；换言之，纽结理论中的纽结全部是封闭的环）。

一种肤浅的分类方式是，将两条绳子的交叉数作为纽结的分类标准。然而，这种分类法没有考虑到一种可能性，亦即两个看似不同的纽结其实可能是相同的，也就是透过绳子的挑、扯、拉、拨（但不能剪断或解开），可以把其中的一个纽结变成另一个纽结。因此，如果一个纽结可以"变形"为另一个，这两个纽结就是等价的。泰特很直觉地发现了这个概念，尝试在他的分类法中只考虑真正不同的纽结，而这些无法再被拆解为其他组分的纽结称为素型纽结。

1974年，纽约律师佩尔科(Kenneth Perko)发现了泰特分类法的错误。他在客厅的地板上进行研究工作，最后终于把一个有10个交叉的纽结，变成另一个被泰特列为不同类型的纽结。

现在我们了解的是：有3个交叉的纽结只有1种；有4个交叉的纽结也只有1种；有5个交叉的纽结有2种；有1个直到10个交叉的纽结则共有249种。超过这个范围之后，每类纽结的个数会迅速增加，有1个至16个交叉的不同类型的纽结总共有1 701 935种之多。

数学中的纽结理论一直关乎一个核心问题：两个纽结到底是不同的，还是其中之一可以不经剪、接绳子而变形为另一个纽结。这种变形必须通过德国数学家赖德迈斯特(Kurt Reidemeister, 1893—1971)所发现的3种基本操作来实现。另一个相关问题是，看起来像是纽结的一团绳子，实际上是否可能是"不打结"的，因为我们可以利用赖德迈斯特的基本操作来解开它。魔术师的惯用伎俩显然就是利用这种"不打结"的细绳，以看似神奇的手法解开乱七八糟的结，让观众惊叹。

后来的数学家开始忙着寻找能够明确归类的不同纽结的特性，称其为"不变量"，并用它来区别不同的纽结。普林斯顿高等研究院的詹姆斯·亚历山大（James Alexander, 1888—1971）发现，多项式很适合用来对各种纽结分类：如果多项式不同，相对应的纽结就不同。很遗憾的是，不久这个论点的逆命题被证实不成立，因为不同的纽结可能会有恒同的多项式。一些数学家在研究不同的分类系统，另一些则仍在寻找如何将恒同的纽结从一个形式转变为另一个等价形式的可行方法。

这个问题真的与童子军、登山者、渔夫或水手以外的人有关系吗？在数学的分支中，纽结理论是理论发展先于考虑应用的例子之一。一段时间后，纽结理论的实际应用才逐渐浮现，纽结也在日常生活中找到了用处。化学家及分子生物学家对纽结特别感兴趣。举例来说，他们中间有些人研究长条形DNA分子如何缠绕才能挤进细胞核里，如果我们把典型的细胞放大至足球大小，DNA双螺旋链的长度约有200千米。众所皆知，长链总是倾向于自发地扭曲缠绕在一起，而科学家感兴趣的是DNA链是哪一种纽结，它们又如何解开。

对这个议题感兴趣的当然还包括理论物理学家，20世纪末时，量子力学显得无法与万有引力兼容。到了1970—1980年代，量子物理学家提出了弦论作为这个难题的新解答。弦论的基本论点是，基本粒子是挤在高维空间里的微小的弦（所以开尔文勋爵的错误猜想不一定完全错误），而在这种情况下，这些弦很明显地会相互交缠。这让纽结理论又有了另一个应用空间。

此外还有一群人，其中包括科学家，对纽结理论也很感兴趣，就是每天早上打领带的男士。剑桥卡文迪许实验室的两位物理学家——芬克(Thomas Fink)和毛勇(Yong Mao，音译)，研究优雅男士在早晨上班前及傍晚赴宴前，在领带上需要花费的工夫，他们发现有不下于85种打领带的方式。但并非所有方式都能符合传统审美标准，就像你知道的，即使看似公认的例行行为，执行时还是要考虑诸多因素。比如，对称是优雅领带结的绝对必要条件；然后，熟谙时尚的男士都知道，打领带结时只能移动较宽的那一端；最后，领带活动端向右与向左移动的次数应该大致相等。因此，很遗憾，想遵守上述规则的时尚绅士将无法利用全数85种可能的打领带方式，这些遗憾使我们只剩下10种领带结法可以选择。

23 怎样绑鞋带最省力?

◆ **摘要:** 波尔斯特证明,假设鞋的每个鞋带孔都会影响鞋带的张力,那么鞋带最短的绑法是每隔一个鞋带孔交叉一次鞋带,而不是每次都交叉。

大约有一个世纪的时间,关于纽结的数学理论都在处理"把单位圆嵌进三维空间"这个问题,纽结的数学定义是"三维欧几里得空间中封闭、分段的线性曲线"。数学上的纽结理论是拓扑学一个分支,专门研究理想化的弦,并假设它们无穷细。除了数学家感兴趣,纽结理论甚至一度吸引了门外汉的注意,因为线与绳子都是肉眼可见的实物。纽结理论涉及三维空间也是它的有利之处,如果有人将纽结理论放到四维空间中,那么所有的纽结(都是用一维空间的线打成的)立刻就会变成"不打结"的。

物理学中的纽结理论与数学中的纽结理论刚好相反,处理的不是无穷细的抽象概念,而是真实的绳索,有一定的直径或厚度。举例来说,研究物理纽结理论的科学家感兴趣的是,在现实世界中可以打出哪些类型的结,或是打出某个特定的结需要多长的绳子。

目前的想法是,打结所需的绳索长度可能是衡量其复杂程度的标准之一。因为像DNA之类的绳状物体大小有限,相较于抽象的数学理论,物理纽结理论能提供更多科学问题的实际答案。

面对真实的结时,绳子的布局极端重要。在数学纽结理论中,所有可以通过拖、扭、拉而互相变换的纽结,都被归类成等价的。但在物理理论中则不然,绳子的精确定位具有关键的重要性,绳子的配置中如有任何偏离,无论多小,都会出现一个新结。换言之,只要拉扯一个结就会产生一个新结,每个结的外观都有无穷多种,这就是这个看来简单的问题至今却依然无解的困难所在。

以最简单的三叶结或单结为例,直到最近都没有人知道一条直径1英寸(0.0254米)、长度1英尺(0.3048米)的绳索,是否可以打成一个三叶结(在纽结理论中,绳子的两端必须相连,亦即绳子形成一个封闭环,因此三叶结会成为一个苜蓿叶结)。

通过简单的思考就会发现,长度只是宽度π倍(π大约等于3.14)的绳子不足以打出任何结,只够把两个自由末端连起来形成一个紧密的环(长度沿绳子的中心轴线测量),根本不会有剩下的长度来打一个真正的结!因此,π是结的下限。然而,知道这个事实仍无法回答多长的绳子才够打一个苜蓿叶结的问题(这正如建筑工人被问到需要多长时间完工时,他们的回答总是:"那么一根绳子有多长呢?"这个答案的真正意义是:"谁知道?")。

为了可以进一步解答这个问题,纽结理论家想出了一个聪明的主意。他们设计了一个描绘纽结的计算机模型,并假设斥力沿着绳子分布,因此绳子之间会相互排斥,使得结自动变形为绳子间相互距离为最远的模式。绳子若有多余部分,很快就可以看到,然后以拉扯的方式除去。数学家依据这种方式及类似动作,持续寻找打结所需的最短绳长。

1999年，4位科学家成功算出了绳长的新下限。他们证实即使绳子的长度是直径的7.8倍（即2.5乘以π），仍然不够打一个苜蓿叶结。几年后，另外3位研究者再度证出，即使长度与直径之比增至10.7仍然不够。直到2003年，任教于北卡罗来纳大学的中国科学家刁远安才想出了原始问题的解答，而这个解答是否定的：他证实即使长12英寸、直径1英寸的绳子，仍不足以打一个苜蓿叶结。同时，他还创造了一个公式，可以计算出打一个有1850个交叉的纽结所需的最短绳长。

后来这位中国科学家设法进一步提升苜蓿叶结的条件。他指出，最短需要14.5英寸的绳子才够打一个特定的结；另一方面，计算机模拟显示需要16.3英寸。很显然，真正的答案就落在这两个数字之间。

让物理纽结理论家伤脑筋的另一个问题是有关传说中的戈尔狄安结的神秘而又复杂的形式。由于亚历山大大帝无法解开传说中神秘而又复杂的戈尔狄安结，只好用剑把它劈开。戈尔狄安结到底是什么样子？长久以来，人们猜想这个结是趁着绳子还湿的时候打的，然后让它在太阳底下晒干，如此一来，打了结的绳子便缩短至最小长度。到了2002年，波兰物理学家皮朗斯基（Piotr Pieranski）及瑞士洛桑大学生物学家斯塔夏克（Andrzej Stasiak）发现了这种类型的结。借助计算机模拟，他们创造出了一个绳长过短而无法打开的结，并在提供给媒体的声明稿中说："这个紧缩后绳圈的交缠方式，将无法用简单的操作，使它回复至原来的圆形状态。"

研究过计算机模拟的结果后，这两位科学家又有了另一项完全意外的发现，这项发现可能造成深远影响。他们定义了结的"分支数"：每次绳子的一股由左至右绕过另一股时，分支数就加1；每次绳子的一股由右至左绕过另一股时，分支数减1。让他们大吃一惊的是，他们拿来计算的每个结，平均分支数（从各个视角看到的分支数字平均）都是 $\frac{4}{7}$ 的倍数，而至今还没有人能对这个现象提出合理的解释。记得前面提过，"弦论"是把基本粒子形容为微小、可缠绕的弦，因此一些科学家怀疑，基本粒子的定量特性可能就存在于这个"结量子"的神秘特质之中。

物理学的结在日常生活中应用十分广泛，如绑鞋带。澳大利亚蒙那什大学的数学家波尔斯特（Burkard Polster）决定，他要把这件日常琐事当做严密的数学分析对象。他所用的准则包括鞋带长度、捆绑的牢固程度以及结的紧密度。波尔斯特证明，假设鞋的每个鞋带孔都会影响鞋带的张力，那么鞋带最短的绑法是每隔一个鞋带孔交叉一次鞋带，而不是每次都交叉（准确的交叉次数是鞋带孔为奇数或偶数的函数）。

用这种方式绑鞋带当然不会太牢固，如果脚背的张力是个重要因素，那么传统的鞋带绑法当然最佳：每次鞋带穿进鞋带孔都交叉一次。另一种也很传统但可能较优雅的办法是：先拿起鞋带一端，再从最底下的鞋带孔直接穿至对侧最上端的鞋带孔，然后再用鞋带的另一端，以平行方式由下至上依序穿过两侧鞋带孔。

穿好鞋带后，鞋带两头如何打结比较好？大多数人会打一个双结，而圈圈只有装饰功能。但事情并不像你一开始想象的那么简单明了，其实打结的方法有两种，两者的差异显而易见。第一种是祖母结，就是在鞋带两端的同向交叉两次。每个男童子军及女童子军都知道这种结不牢靠，在游乐场里也可以看到明证，因为妈妈们总是不时弯腰帮孩子绑鞋带（难怪魔术粘扣这么流行，但遗憾的是,它剥夺了孩子最刺激的学习体验)。另一种较紧密也较牢固的绑法是所谓的方结。这种结和祖母结很像,只有一点不同,就是先以一个方向交叉鞋带打第一个结,然后轮到第二个结时,把两个圈圈向相反的方向交叉。

24 失之毫厘,差之千里

◆ **摘要**:蝴蝶拍动翅膀在空气里所引起的小小涡流,可能导致地球另一端的飓风。仅仅因为进位换算时的微小误差,就导致爱国者导弹连的操控计算机拦截伊拉克发射的飞毛腿导弹失败,造成了悲剧。

电子计算器是很精准的运算工具,从来不会出错——至少我们都这么认为。但事实上,电子计算器常常发生错误,只是我们没有注意到罢了。举例来说,拿出一个袖珍计算器(有"平方"及"平方根"按键那种),然后依下列指示操作:一、先按数字10;二、然后按"平方根"键;三、再按"平方"键。正如我们所预期的,屏幕上出现答案"10",因为10的平方根的平方当然还是10,至此一切顺利。现在再试试这个例子:一、先按数字10;二、然后按"平方根"键25次;三、再按"平方"键25次。依我们的预期,这次的结果应该还是10,但屏幕上显现的却是9.992 397 4之类的数字。幸而通常没有人会在乎0.008这么微小的误差。现在重复前面的实验,但分别按33次"平方根"与"平方"键,结果得到的却是类似5.573 243 6的数字,与真正的答案(当然是10)相去甚远。

每一台数字计算器或多或少都会有这种情况,发生的原因是一个数字可以有无限多位小数。以 $\frac{1}{3}$ 为例,用小数形式来表示,小数点后面就会跟着无限多个3。但有个很大的问题是,计算器只能储存有限量的数字,计算机的一般规则是截去15位后的数字,因此在真正的数字与显现或储存的数字之间存在非常微小的差异。

通常我们可以忍受些许误差,因为日常生活中小数点后二、三位的数字并不难应付。但尽管如此,有时舍入误差仍可能导致灾难,例如1991年2月25日海湾战争期间,位于沙特阿拉伯达兰的美国爱国者导弹连因为拦截一枚伊拉克发射的飞毛腿导弹失败,让该导弹击中了美国部队营房,造成28名士兵丧生。这桩悲剧事件的起因正是时间换算失误,在把以 $\frac{1}{10}$ 秒为单位的时间换算为计算机储存用的二进制数时准确度不足。更明确地说,经历的时间是先经过系统内部时钟以 $\frac{1}{10}$ 秒为单位测量后,再换算为二进制数储存,然后得出的结果必须再乘以10,才能产生秒数。这个计算流程是用24位处理的,而 $\frac{1}{10}$ 这个二进制中的无穷小数,在被截去24位后的数字以后,会导致微小误差,这个舍位误差再乘上以 $\frac{1}{10}$ 秒为单位的庞大数,就造成了致命的后果。

1992年4月5日,德国大选日的傍晚,石勒苏益格—荷尔斯泰因州的德国绿党人士个个兴高采烈,因为距离绿党进入州议会的5%门槛只剩毫厘之差。午夜过后不久,冷酷的现实敲醒了他们,选举的最后结果公布了,绿党沮丧地发现他们只得到了4.97%的选票。整天计算选举结果的程序本来仅列到小数点后一位数字,而上述计算结果在四舍五入后是5.0%。这套特殊程序已经沿用了好几年,没有人想过在这个关键时刻却关掉了四舍五入的功能(如果不称之为程序错误的话)。总之,那次绿党未在议会中占有一席之地。

1996年6月4日,无人驾驶的火箭亚利安娜五号(Ariane 5)从法属圭亚那①的古鲁岛发射升空,但在40秒后就爆炸了。火箭偏离了飞行航道,必须由地面控制中心引爆,软件的错误使得制导系统误判了一个四舍五入的数字。

1982年,温哥华股市引进一个新指数,并将起始值设在1000点。不到两年时间,尽管股票的平均市值上涨了约10%,但这个指数几乎降了一半。这个差异同样由舍入误差导致,这个系统计算指数时,股价加权平均数在小数点后保留的位数太少了。

然而,有一次在一个特别的情况下,舍入误差却造就了重要的发现。1960年代的某一天,麻省理工学院的气象学家洛伦茨(Edward Lorenz, 1917—)正忙着观察计算机上的气象模拟。他在忙了一阵子后想稍事休息,于是停止了执行程序,草草记下了中间结果。喝完咖啡后,洛伦茨回到桌前,把刚刚记下来的结果重新输入计算机,继续执行模拟。但后来计算机上出现的气象预测,却与他依据先前模拟结果所做的预测大不相同,这让他吃了一惊。

思考了一段时间后,洛伦茨才了解发生了什么事。到咖啡店之前,他抄下了在计算机屏幕上看到的数字,那些数字都是3位小数,但计算机中储存的数字却是8位小数。洛伦茨发现,他的计算机程序后来使用的数字是四舍五入后的数字,由于气象模拟涉及几项非线性的运算,这么快就出现误差并不令人意外。非线性表

---

① 原文为法属新几内亚,有误。——译者

达式（如平方或平方根）就是有这种恼人的性质，一下子就会把最细微的错误放大好几倍。

洛伦茨的发现奠定了所谓混沌理论的基础，现在混沌理论已经是众所皆知的概念了。这项理论后来衍生出了声名大噪的蝴蝶效应。蝴蝶效应一般是指蝴蝶翅膀的动作可能导致地球另一端的一场飓风。蝴蝶拍动翅膀在空气里引起的小小涡流，代表的只是小数点后第30位数字的变动；然而，气象的非线性特性却能将这个细微的空气振动扩大10亿倍，逐步增强为飓风。

我们可以用比较乐观的方式来看待这件事，因为另一只蝴蝶同样也可以拍拍美丽的翅膀，就此阻止一场飓风的发生。这种反向蝴蝶效应的数学模型，已经被应用于心脏病学。在恰好的时刻做轻微的电击，可以修正混乱的心跳，预防心脏病发作。

25 不愿面对的真相

◆ **摘要**:人们热爱追逐危险活动,因为对大众而言,一个事件带来的是利益或损失无关紧要,一般民众对这两种情况总是抱持相同的态度。

"风险"是我们每天不管走到哪里都会遇到的状况,不过并非每个人都知道该如何适当地处理它的后续结果,并了解个中含意。只要看看在赌场中挥金如土的家伙就会明白,当他们走进赌场时,难道没有注意到昂贵的装潢吗?难道不知道那些华丽的装潢成本来自他们的荷包吗?为什么有那么多的屋主即使知道有地震的风险,仍不愿为自己的不动产投保?还有最让人匪夷所思的是,为什么许多人为财产投保了失窃险及抢劫险,却还是愿意冒着输钱的风险,把钱花在每个星期的彩票上?

人们热爱追逐危险活动(如蹦极、三角形翼滑翔或赌博等)的一个原因是,这些惊险活动可以刺激肾上腺素分泌。人们在进行这些活动之前,也不会花太多时间来分析风险。而人们宁可不考虑风险的部分原因是,统计学家发现,要把他们的研究结果传达给一般人困难重重。这种情况的严重程度,促使英国皇家统计学会决定在他们的期刊《社会统计学》(Statistics in Society)中以专刊探讨,主题是:如何告知大众真正的风险程度?

事实上,计算风险活动的期望值很容易,只要按个键,就可以得到想要的数值,并做出正确的决策,我们只需要把可能的损失乘上意外事件发生的概率即可。但遗憾的是,这两个因素中常常有一个或两个都很难用数字表达。例如,行人被掉落的花盆砸到的概率是多少?在这个例子里,财务的损失又是多少?或者,你认为一个孩子的生命价值多少?

即使损失和概率都可以精确量化,大多数人也不想注意。例如,在轮盘赌中,所有的因素都已知,仍然无法阻止忠实的赌徒下注。他们就是会忽略小球只有2.7%的概率掉到0那一格。认为轮盘赌全靠运气,他们赢钱的机会很高。赌徒们忘记了,赌场中不仅装潢是由赌客支付的,连落入赌场主人口袋的大笔利润都是靠这个小小的"0"赚来的。

对大众而言,一个事件带来的是利益或损失无关紧要,一般民众对这两种情况总是抱持相同的态度。例如,瑞士地震学家算出,瑞士平均每120年才会出现一次里氏6级以上的地震,不过没有人能够预测到会在哪一年发生地震;事实上,瑞士每年实际的地震概率差不多是0.8%。

现在假设,一般家庭房屋包括内部的价值为50万美元,把这个数值乘以概率0.8%,那么若每年的保费为4000美元,是否合适?当然不合适,因为就算发生超级大地震,你的房子也不一定会全毁。接下来因应而生的问题就是,这个世纪大地震会摧毁 $\frac{1}{10}$ 还是 $\frac{1}{100}$

的房子？假设是后者，每年40美元才算是合适且公平的保险费。

悲观的人担心下一个地震已经迟到，因为前一次的地震发生于1855年；而乐观的人则认为明年什么事也不会发生，因为从有记忆以来就没发生过什么事。但这两种想法都是错的，这些人可以和其他怪人归为一类，包括那些因为小球已经连续落入黑格8次，而坚信下一次转盘的结果一定会是小球落在红格里的轮盘赌客。

相较于私人生活，公众领域里有更重要且影响深远的决策。在个人日常生活里，我们只需决定要不要买保险就好；但很遗憾的是，即使是政治人物也不太注意统计的成本效益分析。核能电厂辐射外泄的预期风险，真的比建造、维修煤矿或水坝所造成的死伤风险高得多吗？当里根总统（President Reagan）决定投资900万美元进行退伍军人症研究，而反对投入仅100万美元从事艾滋病病毒医学研究时，他的决策是否可能受到对同性恋者的歧视影响？

事实的真相是，政治人物就像一般人一样，会受到公众舆论左右。出动海岸巡逻队，以大量直升机和救生艇进行渔船搜索及救援行动时，所能获得的选票远比把危险的公路弯道改直更多。在瑞士也是一样，政府准备了庞大的搜救设备，以便随时援救落入冰河裂缝的少数登山者，与此同时，都市里每年都可能有几十个行人因为过马路而丧命，而这不过是因为没有预算造天桥。但从政治正确来说，我们实在不应该问太多关于成本与效益的尖刻问题，毕竟阿尔卑斯山是瑞士的国宝，必须确保人们能安全前往，所以花再多成本也没关系。统计学家能做的事，就是提供政治人物和经理人必要的信息，而做出正确决策就是后两者的事了。

26 俄罗斯方块的数学秘密

◆ **摘要**：有超过百万人把他们宝贵的时间浪费在计算机游戏俄罗斯方块上，但俄罗斯方块远远不只是迷人的计算机游戏，也是著名的NP问题之一，它的解需要大量的计算机运算时间。

15年来，有超过百万人把他们宝贵的时间浪费在计算机游戏俄罗斯方块上。玩游戏的人必须把屏幕上方落下的各式砖块安置在下方版面上，而游戏的最终目标是通过砖块的左右移动及旋转，把版面铺满，尽量不要留下空格，直到砖块铺至屏幕最顶端为止。

然而，一群麻省理工学院的计算机科学家发现，俄罗斯方块远远不只是迷人的计算机游戏。2002年10月，德迈纳（Eric Demaine）、霍恩贝格尔（Susan Hohenberger）及利本-诺埃尔（David Liben-Nowell）指出，俄罗斯方块属于一类著名的问题，它的解需要大量计算机运算时间。这类问题中最著名的是"旅行推销员问题"：有个推销员希望以最短的路径造访几个城市，而且每个城市都只到访一次。这个问题可以用计算机来解答，但所需的运算时间，将随着城市数目的增加而呈指数增长。因此，这个问题被归类为所谓NP问题。NP问题与P问题不同,P问题所需的计算机时间递增速度慢得多。如果一个问题解答所需的时间与多项式成正比,即是多项式级的,就称其为P问题(多项式的英文第一个字母是P)。

理论上,NP问题也可以在多项式级时间内解出,但需要一部所谓的非确定性机器(nondeterministic machine)来协助完成,NP一词来自非确定性多项式(Nondeterministic Polynomial)的缩写。然而诸如此类的机器现在并不存在[例如量子计算机(quantum computer)],也可能永远不会出现。因此,计算机科学家仍在寻找能在多项式级的时间内解出NP问题的算法。[我们只能猜想这种算法可能已经存在,只是尚未被发现。或者美国中情局(CIA)、英国军情五处(MI5)、以色列摩萨德情报局(Mossad)早就用它来破解密码,只是不肯泄露机密?]

不过还是有一些让人欣慰的事,就是研究NP问题时,至少可以在多项式级的时间内验证可能的解答。举例来说,寻找829 348 951的素因子就属于NP问题,但验证7919为其素因子之一则属于P问题。你必须做的是,把较大的数字除以较小的数字,然后验证它们可以整除,这点在多项式级的时间内可以做到。

1971年,上述问题的解答首次有了理论上的进展,多伦多大学计算机科学家库克(Stephen Cook)证明,所有NP问题在数学上都是互相等价的。这表示只要有一个NP问题可以在多项式级的时间内解出,那么所有NP问题都可以在多项式级的时间内解出。个中隐含的意义是,所有NP问题都属于P问题。计算机科学家以一个简单的式子来表达这种关系:P=NP,而该等式是否成立尚未有解答。许多科学家已经着手处理这个问题,克雷基金会也提供了100万美元奖金给正确解答出这个问题的人。

今日的计算机科学家距解出P=NP问题还有一大段距离,同时他们也得分出一些精力来解决其他问题,如俄罗斯方块。麻省理工学院研究人员发现俄罗斯方块是一个NP问题。他们的证明方法是将俄罗斯方块简化为所谓的三分问题,后者是自1979年来广为人知的NP问题。

在三分问题中,必须将一组数字分为三群,每群数字的总和都相等。德迈纳、霍恩贝格尔及利本-诺埃尔的证明由一个非常复杂的俄罗斯方块状态着手,先证明从这个状态开始,填满游戏界面就等于是解出三分问题,由此,俄罗斯方块也就名列NP问题的长串清单之中。此外,微软窗口操作系统中的游戏"踩地雷"也属于NP问题,2000年,英国伯明翰大学的凯(Richard Kaye)曾证明,踩地雷属于NP问题。

然而,这并不能让我们更接近基本问题的解。只有找到一种算法,能在多项式级的时间内在扫雷游戏中探出地雷,或者填满俄罗斯方块界面,才能得到100万美元的奖金。现在,这个问题依然存在:P=NP?

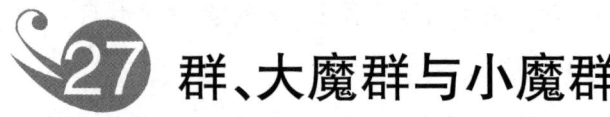
27 群、大魔群与小魔群

◆ **摘要**：有限群的分类是20世纪最重要的数学成就之一,其重要性可媲美破译DNA或提出植物分类法,而之所以能完成这项重大任务,则是联合了全球数十位科学家的努力。

代数的"群"是由元素(如整数：$-3, -2, -1, 0, 1, 2, 3, \cdots$),以及一种运算组成,这种运算(如"+")能够结合两个元素。

元素要组成群的必要条件包括下列4项：

1. 两个元素结合之后也必须属于这个群。
2. 两次相继运算的顺序不影响结果。
3. 群中必须有一个零元素。
4. 每个元素都有逆元素。

因此,整数"在加法下"可以组成群；偶数也是,因为两个偶数相加还是偶数,4的逆元素是-4。在这两个例子里,0是零元素,因为任何数字加上0之后都不会改变；但奇数无法组成加法的群,因为两个奇数的和不是奇数。

整数与偶数是含有无限多元素的群,但也有由有限数目的元素组成的比较小的群。"钟面群"就是一个例子,这个群中包含了1至12的整数,如果我们选择群中的数字9,然后加上8,则时钟上将会显示5(在本例中,12是零元素,因为其他数字加上12会保持不变)。

有限群的分类是20世纪最重要的数学成就之一,其重要性可媲美破译DNA或18世纪林耐(Carl von Linné 1707—1778)提出的植物分类法,而之所以能完成这项重大任务,则是联合了全球数十位科学家的努力。

1982年,美国数学家高伦斯坦(Dan Gorenstein)宣布已经成功地分类了全部的有限群。高伦斯坦与全世界的群论学家密切合作,曾经发表了500篇之多的文章(加起来约15 000页),他证明了共有18个有限单群族和26个不同种类的散在单群,难怪这个定理被称为"巨大定理"。

回溯1960年代,大多数专家认为这项工作要到21世纪才能完成。不过有些新发现的罕见群,无法归类至当时已发展的系统中,这些群被称作"散在单群"(sporadic simple group)。这个名称中"散在"一词的由来,是因为它们罕见;至于"单",则是……呃,这个词与通常简单的概念毫无关系。

大约在同一时期,苏格兰格拉斯哥大学数学家利奇(John Leech)正在研究所谓高维格。我们可以将数学中的格想象成铁丝网,而围在网球场四周的铁丝网就是二维格;放置在游乐场中的攀登铁架则是三维格。三维格在结晶学中扮演重要的角色,例如能够说明原子的实体排列。但利奇并未满足于二维及三维空间,他找出了24维的格，并以他的名字命名为利奇格（Leech lattice）。他开始研究这种格的性质。

几何物体最重要的性质是"对称性"。就像一个对称的骰子，无论绕着哪个轴旋转，看起来都不变；同样，利奇格也可以被扭转、旋转、翻转（尽管是在24维空间里），且永远维持类似的样子。如果某个物体有一个以上的对称性，它就可以绕着一根轴旋转，再绕着另一根轴旋转，然后再绕着第一根轴反向旋转，一直下去。正因该物体是对称的，所以每次旋转后看起来都一样。接下来，我们可以"加上"旋转，一个接着一个旋转，而且不会改变这个物体所呈现的外形；然后，我们还可以反向旋转，亦即绕着同一个轴，朝相反方向转动。

我们知道，"对称性"满足"加法律"，而且每个旋转都有一个逆旋转。这两项性质刚好满足群的定义要求（零元素是"不转"），所以对称物体的旋转可以被视为一个群的元素，群的实际性质则视特定物体本身而定。

这是不同数学分支学科交叉的许多例子之一，在这个例子中交叉的是几何与代数，此外，数学家也可以用代数工具来处理对称领域的几何问题。利奇猜想格的对称群极为有趣，但他很快发现自己不掌握分析群论的必要技巧，他设法激起别人对这个问题的兴趣，不过最终没有成功。最后，他转而向剑桥的年轻同行康韦（John H. Conway）求助。

康韦在利物浦长大，父亲是一名老师，他在剑桥大学取得了博士学位，并担任纯数学课程的讲师。但他很快就陷入重度忧郁，几近崩溃，无法发表任何研究成果。其实康韦并不怀疑自己的能力，但如果一直无法发表文章，又如何向世界证明自己的能力？因此，利奇的格的问题来得正是时候,刚好成为他的救星。

康韦不是有钱人,为了贴补微薄的收入,这个忧郁的数学家必须担任学生的家教,因此所剩的研究时间不多,几乎没有时间陪伴家人。不过,利奇提供的机会是这位年轻剑桥数学家期盼已久的踏脚石,他不会轻易放过。一天晚餐时,他还慎重地向妻子解释说,接下来几个星期他会忙于研究一个非常复杂的重要问题,所以每个星期三必须从下午6点工作到半夜,每个星期六则必须从中午做到半夜。但出乎康韦意料的是,他只花了一个星期六就解决了问题。正是在那天下午康韦发现了能够描述利奇格的群,就是一个当时尚未被发现的散在单群。

结果,那个刚被发现的群就被称为康韦群。康韦群拥有的元素数量惊人:8 315 553 613 086 720 000个,不多也不少。数学界对康韦的突破感到惊讶,因为它让全世界对有限群分类的努力又向前迈进了一大步。对康韦来说,更重要的是,他借由这个贡献激发了自信心,改变了他的数学生涯,更因此被选为英国皇家学会会员,此后一直工作在数学研究的尖端领域。1986年,他接受了普林斯顿大学的教职。

讲个题外话,康韦群并不是最大的散在单群,后面还有所谓大魔群(monster group),1980年密歇根大学的格里斯(Robert Griess)发现了这个散在单群。它有将近 10^{54} 个元素,数量比宇宙里的粒子还多。大魔群描述的是196 883维空间中格的对称性。此外,还有所谓小魔群,"仅"有 $4×10^{33}$ 个元素,但仍比康韦群大。事实上,即使是平时面对古怪问题仍不失冷静的数学家,也会觉得散在单群非常怪异。

28 费马的错误猜想

◆ **摘要**：从几个数字中就得出所有费马数都是素数的结论，未免太大胆，而且实际上，这个费马猜想也是错误的，这对我们这些凡夫俗子有当头棒喝的效果：原来著名数学家的猜想也会出错。

当数学家在钻研纯数学领域的某个学科时，有时也会在另一个学科中获得意外回报，著名数学家费马（Pierre de Fermat, 1601—1665）关于数论的一些研究成果，就是最佳范例。虽然过了150年，数学家高斯才找到数论中费马陈述的一个几何应用：用直尺及圆规作正多角形图。费马的声名并不仅仅是来自众所周知的"最后定理"，那个定理一直只是个猜想，直到1994年才被怀尔斯证实。

费马成年后在法国图卢兹担任地方行政官，直到退休。显而易见的是，他的工作并不忙碌，因此这份闲散的职业才让他有足够时间，去追求自己的数学梦想。费马与修道士梅森（Marin Mersenne, 1588—1648）保持通信，分享对数学的热爱，相互讨论数论方面的问题。梅森大部分的时间被2^n+1型的数字占据，而费马猜想，如果n是2的幂次，那么这个数字一定是素数。从此能表达

为 $2^{2^n}+1$ 的数字,就称作费马数。

费马并未对自己的猜想提出证明(事实上,他的许多证明都遗失了,其中有些证明也可能不够严谨,但他仅靠类比及天才般的直觉推论就能得到正确结果)。对于费马数,他只知道第0个及之后的4个:3,5,17,257,65 537。再下一个费马数是 $2^{32}+1$,这个数字在他那个时代实在太大了,无法计算出来,因此未被检验出是否为素数,但前5个费马数的确只能被1及数字本身除尽。不过,从几个数字中就得出所有费马数都是素数的结论,未免太大胆,而且实际上,这个费马猜想也是错误的,这对我们这些凡夫俗子有当头棒喝的效果:原来著名数学家的猜想也会出错。

将近一个世纪后,瑞士巴塞尔的数学家欧拉找到反例。1732年,他指出对应于 $n=5$ 的费马数(等于 4 294 967 297)是641和6 700 417的乘积,因此并非所有的费马数都是素数。好了,现在我们要问:哪些是,哪些又不是?

寻求解答的努力并未停歇,到了1970年,$n=6$ 的费马数也被证明是合数。现在全世界有许多志愿者愿意提供他们闲置的计算机时间,来测试费马数是否为素数。2003年10月,费马数 $2^{2^{2\,478\,782}}+1$(这个数字大到如果要写下来,需要一个长度为数千光年的黑板)被宣告是合数。

遗憾的是,被测试过的数字之间有很大的间隔;事实上,前250万个费马数中,迄今只有217个被检验过。而且与费马的预期相反,除了前5个外,其他没有一个是素数。由于再也没有找到是素数的费马数,因此又引发一个刚好与费马猜想相反的新猜想:除了前5个费马数之外,其他所有的费马数都是合数。新猜想和旧猜想一样,没有被证明出来。没有人知道费马素数是否超过5个;是否有无限多个费马合数;或者除了前5个以外的所有费马数都是合数。

现在来看看几何应用。

1796年,哥廷根大学19岁的学生高斯,思索着只用直尺和圆规能画出哪些正多角形。当然,欧几里得已经画出了正三角形、正方形与正五角形。但是2000年过去了,人类在这方面并没有更多的进展,没人知道可不可以画出正十七角形。年轻的高斯证明了可以画出所谓的正十七角形,他对此极为满意。除此之外,高斯还证明了角数等于费马素数或等于费马素数乘积的正多角形,都可以用直尺和圆规画出来(说得更确切些,这个理论对角数翻倍或再翻倍的多角形也成立,因为角一定可以用直尺和圆规来平分)。

接下来,又证实了也可以画出对应下一个费马素数的257角形。还有一个叫做赫米斯(Johann Gustav Hermes, 1846—1912)的人,花了10年时间写出如何画出正65537角形的说明,现珍藏于哥廷根大学图书馆的箱子里。

高斯怀疑如下陈述的逆命题也可能成立:可以用直尺和圆规画出来的正多角形的角数,一定是费马数的乘积。这个猜想的确是正确的,但却不是高斯证明出来的。这项荣耀落在法国数学家万茨尔(Pierre Laurent Wantzel, 1814—1848)身上,他在1837年提出了证明。

高斯一生中有无数重要的数学发现,但他仍认为十七角形的作图是最重要的。基于对这项年轻时的发现的高度评价,他表达了想在墓碑上刻画这个图形的愿望。石匠虽然知道整个故事,却拒绝了这个要求,因为正十七角形太接近圆形。最后,高斯出生的城市不伦瑞克竖立了一个纪念碑,上面的石柱便是以十七角星装饰。

29 突变理论大滥用

◆ **摘要：** 当社会科学家与其他"软"科学的代表人物，开始对托姆的新理论感兴趣时，事情就变得无可救药，突变理论的尊严就此荡然无存。突然间，人们在每个角落都觉得发现了托姆的突变。

每年自然灾害造成的损失高达数十亿美元，如果有个数学理论可以协助解释、预测甚至避免这些重大事件，一定可以大大减缓我们的恐惧，降低损失。事实上，大约30年前就已经发展出了这种理论，但是很遗憾，它辜负了人们对它的期待。1970、1980年代，所谓的"突变理论"经历了短暂的一生，迅速地崛起、出名，然后销声匿迹。虽然如此，这个理论仍然值得我们认真看待。突变理论不仅能解释传统的自然灾难，也可说明即使基本参数缓慢改变，自然界中又会如何产生突发的变化。

事实上，日常生活中就可以观察到与突变理论相关的现象。以厨房中正在煤气灶上慢慢加热的茶壶为例，水中的气泡会逐渐增多，然后突然（刚好在100摄氏度时发生了完全不同的事）开始沸腾，水变成水蒸气，亦即水开始汽化——物理状态发生突变。

突变理论的另一个应用领域是结构的稳定性，例如当桥梁承受的重量愈重，变形的程度就愈严重。这种变化通常难以察觉，但到了一个关键点时，灾难就发生了——桥梁坍塌。决定这些和其他灾难的变量非常少，多数情况下，这些所谓控制变量的变化并不会造成可见的反应。但只要其中一项变动稍微超过了关键点，灾难就会发生，这就是所谓压垮骆驼的最后一根稻草。

突变理论是法国科学家托姆（René Thom）提出的，他逝于2002年10月25日。1923年，托姆出生于法国东部的蒙彼利埃，第二次世界大战爆发后，先与哥哥同住在瑞士，几年后回到法国。他在1943年至1946年间就读巴黎的高等师范学校，那是所专收顶尖学生的精英学校。当时托姆还不是数学家，考了两次入学考试才进入该校。但不久托姆就写出了杰出的博士论文，在1958年获得数学家的最高荣誉——菲尔兹奖。

几年后，托姆成功地证明了一个令人惊讶的定理。他尝试对"不连续性"进行分类，并且发现不连续性中的间断可以区分为7类。这项惊人发现显示，所有自然现象都可以被简化为少数几种情境。

托姆将不连续性称为"突变"。如同所有公关专家都知道的，名字代表一切。自此之后，突变理论变得脍炙人口，但遗憾的是，托姆的理论有时落入错误的人手里。他探讨这项问题的主要著作（虽然一般人可能看不懂）成了畅销书，但很多人买来只是为了放在书架上，其实一个字都没有读。

其他学科的数学家也注意到了托姆的研究；坦白说，托姆自己也觉得他的研究成果应该被运用在物理学以外的学科。但当社会科学家与其他"软"科学的代表人物（他们通常不做定量研究）开始对托姆的新理论感兴趣时,事情就变得无可救药了。

突变理论的尊严就此荡然无存。突然间,人们在每个角落都觉得发现了托姆的突变。心理学家把狂躁病人突然爆发的愤怒诊断为突变,语言学家在语音演变中找到了突变,行为科学家在狗类的攻击行为中看到了突变,金融分析师在崩盘的股市中侦测出了突变,社会学家将监狱暴动解读为托姆的突变,历史学家则认为革命应该归于这类突变,运输工程师相信交通阻塞也可以说是突变,甚至连达利(Salvador Dali, 1904—1989)的一幅画也受到突变理论的启发。

刚开始数学家很高兴看到他们的学科受到其他领域专家的瞩目,但结果并不美好。专家(或自认为专家的人)相信他们可以准确预测这种不连续性的时间。他们以为有办法发展出预言下次股市崩盘准确时刻或内战爆发时间的能力,那只是时间早晚的问题。但事情的演变超乎预期。1978年,数学家聚斯曼(Hector Sussmann)和萨勒(Raphael Zahler)在哲学期刊《综合》(*Synthèse*)上发表了一篇毁灭性的批评,抨击那些把突变理论运用到社会与生物现象的错误尝试。他们指出,数学理论只有存在于物理学及工程学领域的权利。

然后,有一天,突变理论消失了,在学术文献中都找不到了,就像它探讨的突变一样突然无影无踪。这个理论要是不那么受欢迎就好了,当初它真的应该遵守犹太密传学派卡巴拉的教诲。卡巴拉是一个神秘的学派,其教义只传给成年的男性,所以过度热心的门外汉根本没法胡作非为。这种做法也会有益于突变理论吧!

30 一点都不简单的简单方程式

◆ **摘要**:探讨这种问题的数学分支称为数论,这门学科有一个恼人的特性:看起来很简单!乍一看,问题的陈述似乎相当容易,但深入钻研之后,才发现它有可怕的难度。

大多数幼儿园的儿童都能应付整数,而分数就显得比较困难些了,这些可爱的小朋友进小学2年后才能学会处理分数。但无理数是另一回事,处理不能表达为两个整数之比的数,才是真正困难的开始。

方程正好相反,找出方程的无理数解相当容易,麻烦的是那些解必须为整数的方程问题。探讨这种问题的数学分支称为数论,这门学科有一个恼人的特性:看起来很简单!乍一看,问题的陈述似乎相当容易,但深入钻研之后,才发现它有可怕的难度。

约1700年前,住在亚历山大的希腊数学家丢番图(Diophantus,246—330),被誉为代数之父,据说他创建了数论。为了表彰他的贡献,未知数为整数的方程,就称为丢番图方程。

丢番图的主要著作名为《算术》(Arithmetika),内容包括约130

个问题及其解答；但令人遗憾的是，这本书在391年亚历山大小图书馆的火灾中毁损。多年后，到了15世纪时，找到了原书13册中的6册（1968年时发现另外4册，不过是不完整的阿拉伯文译本）。之后数年，人们都为拼凑这位古希腊数学家的手稿大伤脑筋，到了17世纪才终于有人能够处理这些材料。这个人就是费马，一位闲暇时喜欢玩数学的法国地方行政官员。今日费马以他无人不知的"最后定理"闻名于世（参见第28篇）。

至今仍有一个源自丢番图的问题无人可解：哪些数可以表示为两个整数或分数的三次方之和？我们知道，7和13都是这个问题的解，因为$7=2^3+(-1)^3$，而$13=(\frac{7}{3})^3+(\frac{2}{3})^3$。但5或35之类的数又如何呢？要回答这个问题，必须熟悉现代数学中最复杂的方法。

现在数学家已找到了判断一个数能否被这样分解的方法，但他们无法提供分解的方法。判断一个数能否被分解为立方和，必须画出这个数字的L函数图形。如果图形与坐标系统x轴上$x=1$这点刚好相交或相切，那么该数就可以分解为立方和形式；如果在$x=1$时的函数值不为0，这个数就无法分解。35就满足这个条件：它的L函数在$x=1$时刚好等于0。没错，35的确可以分解为3^3+2^3。另一方面，5的L函数图形与x轴既不相交也不相切，所以5不能分解为立方和形式。

2003年，德国波恩普朗克数学研究所所长察吉尔（Don Zagier）在维也纳举行了两场关于丢番图立方分解的公开演讲。察吉尔是世界顶尖数学家，主要研究领域是数论，年幼时就被视为神童。1951年，察吉尔出生于德国海德堡，在美国长大，13岁念完中学，16岁拿到了麻省理工学院物理学与数学学士学位，19岁获得了牛津大学博士学位。23岁之前，他已经取得了普朗克数学研究所作为教授任教资格，24岁时成为全德国最年轻的教授。顺便指出：他的天分并不限于数学，例如他会说9种语言。

察吉尔在维也纳哥德尔系列讲座中的一场演讲，被誉为"数论之珠"。另一场演讲被安排在名为"数学·空间"（math.space）的开幕式上，在维也纳博物馆区的特别演讲厅中进行——该场地专供大众化的数学演讲之用。他希望维也纳广大市民有机会接触这个奥秘的课题，以取代他们常去的歌剧院和咖啡馆。

察吉尔是个古怪的小子，但当他开始向听众解释自己钟爱的理论时，他的表现却让摇滚巨星相形失色。他在两台投影机间来回不断跳动，操着略带美国口音的流利德语，用数学的解释吸引着听众全部的注意力。即使严重的数学恐惧者也会忘记自己正在聆听的是数学演说，所有人都能感受到察吉尔（有人认为他是波恩的超级大脑）在数学中得到的喜悦。看着他就如同欣赏音乐会上的艺术大师，很难相信像察吉尔这样的数学家，会整天埋首于这门枯燥乏味的学科之中。

31 不对称的奇迹之美

◆ **摘要:** 围绕着黄金分割的迷思,很明显也属于幻想及神话的范畴。黄金分割只有在19世纪才被认为是理想的比例,当时浪漫主义者追溯它直至备受他们仰慕的中世纪时代。

数千年来,对称的符号、图案及建筑物一直吸引着男男女女。在史前时代,工匠就创造出了对称的首饰,这可能是来自人体与动物身体的灵感启发。人类所创造的最古老的对称艺术品是在乌克兰发现的一个手镯,这个手镯饰有复杂的图案,年代可追溯至公元前11 000年。古代建筑也有大量对称的案例,例如吉萨金字塔(公元前3000年)与巨石阵(公元前2000年)的石头排列方式。但对称性并非艺术领域独有,也不是只在建筑物上才看得到。科学家声称他们的领域中也有对称性,一旦科学家开始工作,通常是由数学来提供表达方式及探索自然现象的工具。

在初等几何学中有3种广泛存在的对称性:

第一种是类似字母M或W的图形,称为镜面对称:左右两半各是另一半的镜像,切割两半的线(也就是穿过这两字母正中央的垂直线)称为对称轴。

第二种是像字母S或Z的形状,称为旋转对称:绕着某一点旋转180度后,会与原先的形状重合,该点称为旋转对称的中心。

第三种是无穷的形状或符号序列,如KKKKKKKKK或QQQQQQQQQ,称为平移对称,因为它们的型态经过左右移动(平移)后,仍会与本身一致。

其他还有许多更复杂的对称性,而且不同的对称性可以相互组合。例如,壁纸的花样可以同时有镜面、旋转与平移三种对称性。

2003年夏天,一场名为"对称嘉年华"的会议在布达佩斯召开,来自各地的科学家及艺术家齐聚一堂,进行为时一个星期的跨领域的研讨。他们详细察看了对称的范例,包括蜡染织物、印度雕塑中的塔拉马那比例系统[①],以及此类艺术中最重要的埃舍尔的画作。这也是一次机会,可以一劳永逸地解开为何对称性深受我们喜爱的谜团。例如,五角星形向来被视为毕达哥拉斯学派的秘密标志,但事实并非如此。把五角星与毕达哥拉斯学派扯在一起的最早起源,始自毕达哥拉斯死后700年的2世纪。较可靠的来源指出,五角星是所罗门王的封印,之后又演变为六角的大卫之星,现在装饰在以色列的国旗上。围绕着黄金分割(或称神圣比例)的迷思,很明显也属于幻想及神话的范畴。黄金分割只有在19世纪才被认为是理想的比例,当时浪漫主义者追溯它直至备受他们仰慕的中世纪时代。

对称性是不是一种理想的状态呢?大多数与会人士都认为,完全的对称相当无趣。画作、音乐或芭蕾舞之类的艺术必须打破

---

① 印度传统图画与雕像中的测量和比例系统。——译者

其对称性才会显得有趣。佛家禅师也有段话说,只有刻意打破对称性,才能显现出真正的美。对科学来说也一样,许多现象介于对称与非对称之间。知名法国物理学家、诺贝尔奖得主居里(Pierre Curie, 1859—1906)曾说过:"不对称创造了奇迹。"19世纪中叶,巴斯德(Louis Pasteur, 1822—1895)发现许多化学物质有"手性",即这些物质有右旋及左旋两种分子(各为彼此的镜像),但却不能相互代替,就像右手不适合戴左手手套一样。

1960年代曾发生一个左右互换的悲惨例子:药物成分沙利度胺有两种异构物,被用在一个名为Contergan的药物中,一种是右旋分子,一种是左旋分子;其中一种形态是有效的抗呕吐剂,另一种则会导致新生儿畸形。

依据一位与会者的说法,冲击最大的对称性突破发生在100亿至200亿年前。一直处于平衡状态的物质与反物质,其对称性不知何故忽然受到干扰,结果就产生了所谓的"大爆炸"。

32 真正随机的随机数

◆ **摘要：** 产生随机数时有个问题，类似抛掷铜板、骰子、小球及其他物体到空中的方法效率很低。如何在很短时间内产生大量的随机数呢？

在足球场上，为了决定由哪队开球，裁判通常会丢个硬币，看看是字朝上还是花朝上。在赌场的扑克牌桌上，由庄家掷骰子，待骰子静止后，再查看上面的点数。彩票开奖时，气流吹起一堆有编号的小球，这些球飘浮滚动，时间一到，机器吐出一颗球，然后记录它的号码。

我们可以说，这些例子最后的结果纯粹由概率来决定，而人们永远无法预测硬币朝上的是哪一面、骰子的点数，或是小球上的号码。

比较吹毛求疵的人大概会指出，骰子某一边或铜板某一面较重，而微小的重量差异就可能扭曲结果。但是先不考虑这个微小瑕疵，上述物体的确能产生可接受的随机数列，因此对硬币来说是0与1、对骰子而言是1至6、对彩票小球而言则是1至45。

随机数的重要性不仅存在于游戏或体育运动中,这些数在其他领域也是不可或缺的行业工具。以密码学为例,随机数(实际上是随机选出的素数)可以用来加密数据;在工程学或经济学中,随机数能够用来模拟,除了用概率论来计算都市的运输流量,也可以改用模拟来协助测试交通状况。我们还可以写一个计算机程序,当随机选择的数介于16与32之间时绿灯亮,若随机选出的数为奇数时则卡车从左方驶来等,然后执行这项模拟程序数千次,并且由操作人员记录其观察结果,包括是否发生车祸、有没有塞车。

因为随机数常让人联想到轮盘赌,因此这种方法也被称为蒙特卡罗模拟法。即使是最严谨的科学——数学,也能从蒙特卡罗模拟法中受益,例如形状复杂物体的体积就可以用蒙特卡罗模拟法来确定。

然而,用上述方法产生随机数时会有个问题,类似抛掷铜板、骰子、小球及其他物体到空中的方法效率很低,若能一秒钟产生一个随机数就好了。执行高质量的模拟可能需要数百万、有时甚至是数十亿个随机数,这时用计算机来产生随机数是十分合理的做法,毕竟计算机可以在几分之一秒内产生大量数字。但还是有个意想不到的障碍,计算机的最大优势之一是能够不加思索地一再重复执行写好的指令,但这也成为产生随机数串时具有毁灭性的障碍。从任一数字开始,计算机总是依据前一个数字来计算下一个数字,这表示计算机产生的随机数列中会出现某种模式,此时理论上我们应该可以预测出每个数字。用来产生"随机"数的公式可能非常复杂,形成数列的模式也可能很复杂,但终究有个模式。计算机产生的随机数理所当然地被称为伪随机数,即使它们可以通过一套严格的随机性测试,仍然不是真正的随机数。

计算机创造伪随机数的技巧是，必须使用一个随机的起始值，这个数称为种子（seed）。一旦选出种子后，程序就以预先确定的但对使用者而言深奥难解的方式开始执行。它可能依下列顺序计算："取前一个数字的立方根，将结果除以163，然后取出小数点后第7、12及20位的数字"，得到这三个伪随机数后，就可以计算后续的伪随机数，并依此类推。当然，因为这个例子只用到3个数字，因此只能产生不满1000个伪随机数，但只要计算机遇到一个之前用过的三位数，之后的程序就会产生恒同的数列，不可避免地产生了循环。增加伪随机数的位数至15位、20位或更多，可以延后循环发生的时间，但即使最长的伪随机数列，最后也会以循环结束。

无论伪随机数的大小如何，程序开始的信号一定要由计算机外产生，否则流程会总是从同一个种子开始，然后每次都产生一模一样的数列。许多事物都可以作为起始信号，例如计算机操作人员敲下Enter键的时间，或是操作者移动计算机鼠标时无法察觉到（故为随机）的手部移动等。

无论整个流程多么小心，所有由计算机产生的随机数列归根结底都属于"伪随机"。但是科学家仍然认为，他们得到的结果令人满意，随机数产生器的使用也没有造成太多问题。1992年，3位物理学家发现，他们的模拟结果产生错误的预测，导致随后的结论全盘皆错，不禁大惊失色。后面还有更糟的，2003年，两位德国物理学家鲍克（Heiko Bauke）及默滕斯（Stephan Mertens）证明，因为0在代数中的角色特殊，使得二进位随机数产生器产生的0太多、1太少。

随机数专门机构看见了机遇，他们决定不仅是起始值，其他全部数字都要由计算机外部产生。形成的随机数列被放在因特网上，让有兴趣的人随意利用。这些随机数的来源是自然现象，如晶体管的热爆声、放射性物质的衰变、熔岩灯①的漂动、大气中的背景噪声,而这些都是完全、不可否认、无可置疑的随机现象,可以用盖革计数器②、温度计或扩音器加以计量及记录。于是货真价实的随机数诞生了,不再是"伪随机"版本。

---

① 利用热能原理制造光影效果的装饰灯,灯中有类似岩浆的彩色黏稠液体一团团缓慢地向上漂浮。——译者
② 一种辐射探测器。——译者

33 确认素数工程浩大

◆ **摘要**：要证明一个数字是否为素数并不是简单的工作，现有的可证明某个数是素数的算法不是非常耗时，就是只能证明一个正整数是素数的概率的大小。

在保存数字信息的密码体系中，素数是极有价值的商品，例如信用卡卡号在网络上的加密。大多数加密方法的基础都是把两个非常大的素数相乘，而破解加密信息的关键就在于找出此一乘积的两个因子，这是不可能完成的任务，因为要花费的时间实在太长了。即使数值运算最快的计算机，也需要几天、几星期或几年，才能找到一个长达几百位数字的素因子，所以若是用了正确的软件，网络商务使用者就不必担心他们的信用卡卡号会被窃取。只有那些实际拥有密钥的人，也就是知道正确素因子的人，才能解开加密的信息。

使用这种加密方法时，必须确定用来编密码的数真的是素数。如果不是，它还可以被分解为更小的数字时，最后乘积的因子分解就不是只有单一解了（两个非素数6和14相乘等于84，这个乘积可以被分解为不同的一对因子,例如3和28或7和12)。在这种情况下,有些密钥是正确的,有些则是错误的,为了避免混淆,使用之前,必须确认可能的密钥皆为素数。

但要证明一个数是否为素数并不是件简单的工作,现有的可证明某个数是素数的算法不是非常耗时,就是只能证明一个正整数是素数的概率的大小。相关人士莫不渴望能出现一种算法,既迅速,又可以百分之百地确定一个数字是否为素数。

3位印度计算机科学家组成的小组正在进行这项任务。印度理工学院坎普尔分校的阿加瓦尔(Manindra Agarwal)和他的两个学生卡亚勒(Neerja Kayal)、萨森纳(Nitin Saxena),利用并扩充了费马定理,即所谓的小定理,而非比较有名的"最后"定理,来检定数字是否为素数。他们设计好方法后,计算机程序的分析显示出了惊人的结果:检验素数所需的时间不会随着数字变大而呈指数增加,只需要多项式级的执行时间。

这几位科学家在网络上宣布了研究成果,不出几日,全球新闻媒体都注意到了这个消息。他们赞扬这项发现是重大的突破,但这实在有点夸大其词。尽管3人在理论方面的确有些突破,但在数学领域,"只"(就像"只是"多项式级)这个字眼极具相对意味。这位印度教授和其学生提出的算法所需的执行时间,的确是N的多项式,N表示该目标整数的位数。但它与N^{12}成正比,这意味着检验一个30位的素数(就密码而言是极小的密钥),需要30^{12}个运算步骤。

想想迄今已知的100个最大的素数,每个数的长度都超过4万位(目前世界纪录中最大的素数有400万位),我们立即就可以明白,这个算法的发现与实际运用基本上是两回事。

然而,这项意外结果仍在相同领域人士间造成了轰动,3位科学家的确提出了美丽又创新的概念。坦白地说,这项算法在应用上仍然太费时,但它已经打破僵局,专家相信,不久就能找出更有效率的计算方式。先撇开这点不谈,至少大家不需要担心信用卡卡号是否安全,因为他们发现的这个方法不能用于破解加密密码。

第六章

跨学科集锦

有趣的数学故事:

◎如何用数学计算法官判案是否公正?

◎一块钱值多少?

◎为什么我们无法计算出围墙的长度?

◎为什么雪花总是六角形?

◎沙堡什么时候会崩塌?

◎为什么总是打不到苍蝇?

◎交易时如果两方都是老鸟,反而不容易成功。

◎可否模仿蜜蜂的行为,来设定网络服务器的分配?

◎《圣经》中真有上帝传达的密码吗?

34 法官判案是否公正？

◆ **摘要**：美国最高法院9位法官作出的判决，常引起各种法律与政治的解读。研究显示，司法审判会严重受到政治观点的影响，判决会因为法官的左翼、右翼、保守派或自由派身份而异。

美国最高法院9位法官作出的判决，常引起各种法律与政治的解读。研究显示，司法审判会严重受到政治观点影响，判决会因为法官的左翼、右翼、保守派或自由派身分而异。但纽约西奈山医学院数学家西罗维奇（Lawrence Sirovich）指出，可以对判决结果进行完全公平、客观的数学分析。他在《国家科学院院报》（*Proceedings of the National Academy of Sciences*）发表的文章中，总共检验了1994年至2002年间，伦奎斯特（William Rehnquist）担任最高法院院长任内近500宗最高法院的裁决。

原则上，你可以想象两种不同类型的法庭，它们之间存在种种差异。一种极端的情况是，法官席上有一组无所不知的法官——假设他们存在，他们知道绝对的真相，可以无异议地作出一致的判决；而这种法庭与完全受经济、政治考虑左右的法官团相比较，在数学上是等价的。假设他们受到的影响相同,表决时就会投出一致的票。在这两种情况下,只要一个法官就够了,因为其他8个同事只是多余的复制品。

相较于这种有效率却无趣的情景,另一种极端的情况是,每个法官都依照柏拉图的理想,彼此完全独立地作出判决。他们不会因受到政治压力、说客或同事的影响而改变立场,在这种法庭里,每位法官都是不可取代的。

当然,也可能出现介于这两种极端情况之间的法庭。为了找出现实存在的情况是哪一种,西罗维奇分析了法官判决中的"熵"。熵这个名词来自热力学,是代表系统"无序"程度的量,数学家香农(Claude Shannon, 1916—2001)在1940年代把它应用于信息理论。当分子被固定在晶格上时,例如冰块,此时的有序程度高,因而熵值低,在晶格的某点处遇到一个分子也就不必感到意外。另一方面,气体中分子的随机运动对应于无序,因此熵值高。

在信息理论中,熵代表的是一个信号中所包含的信息量。将这个名词用在法官判决上的含意是:如果所有法官都作出相同的判决,则有序程度最大而熵最小;另一方面,如果所有法官作出独立、随机的判决,则熵值很高。因此,熵可以用来衡量判决中所包含的信息量:若法官的判决一致,信息量少时,只要知道单一法官的裁决就够了,其他法官的意见皆属多余。

西罗维奇以不同法官所作出的判决之间的相关性,计算伦奎斯特任期内500宗判决的信息量,结果显示,判决与随机分布的差距极大。近半数判决是一致的,但这不一定是因为法官受到外力影响,也可能是许多案件从法律观点来看相当直接明了。再补充一点,法官斯卡利亚(Antonin Scalia)与托马斯(Clarence Thomas)对超过93%的案子判决相同,只要其中一人作了判决,另一人就极可能作同样的判决。大家也都知道,在许多案件中,法官史蒂文斯(John Paul Stevens)的判决总是与多数法官相反,没有人会大惊小怪。

西罗维奇的研究显示,平均有4.68个法官的判决与其他法官独立。换言之,他们扮演的正是"完美的"审判者;同时表示,另外4.32个法官其实是多余的,因为他们的判决通常会受其他法官影响。西罗维奇指出,4.68是个令人鼓舞的数字,因为它表明,独立审判的法官占多数,他们没有受特定的观点或其他法官的影响而作出一致的判决。尽管有人可能觉得理想的独立法官数应该是9,但事实上,这是不正确的。9位独立法官代表每次的判决都是随机审判的结果,这只有在法官完全忽略眼前事实与法律论证时才可能出现。很明显,任命可以被随机数制造机取代的法官,对公平正义或法律精神的维持并无益处。

然后,西罗维奇转向另一种不同的数学计算,现在他的问题是,要达到与最高法院9位法官有80%相似度的裁决,需要几位法官?9位法官出席的法庭每宗判决(是、否、是、是……)可视为九维空间中的一个点;但因为某些法官的判决彼此相关,因此空间可缩小些。为了了解空间能缩小多少,西罗维奇利用了线性代数中的"奇异值分解法",这个方法已经成功地应用在各种不同学科中,如认辨模式与大脑结构分析、混沌现象与湍流流动等。西罗维奇的分析显示,80%的判决可以用二维空间来表示,假定是如此,那么要作出全部判决的4/5(尽管是由9位法官的不同判决组成),只需要两名虚拟法官就够了。

35 选举席位分配真能公平吗？

◆ **摘要**：依选举人口分配国会席次好像很公平，但席次只可能是整数，所以一定会遇到四舍五入的问题，因而影响了公平性，或者必须改变席次总数。

瑞士被公认为全世界最民主的国家之一，事实上，18世纪末，美国为13个州拟订地方政府架构时，就是采用了瑞士的州政府模式。瑞士有25个州，每一个州都拥有对联邦事务的发言权。各州人民每10年选一次他们的联邦委员会代表，瑞士联邦宪法第一四九条规定，联邦委员会由200位代表组成，席位依各州人口比例分配。

你可能以为满足这项条文的规定再简单不过，但事实却远非如此。宪法的明确规定往往无法做到，原因是每州都只能送出整数个代表到联邦委员会。以苏黎世州为例，依据最近一次的统计，该州人口为1 247 906人，占瑞士总人口的17.12%。苏黎世州可以分配到几个联邦委员会的席次？在200人组成的委员会中，这个州可以送34个还是35个代表到首都伯尔尼？一旦解决了这个区域代表的问题，这34个或35个席次又会如何分配给参与苏黎世州选举的各个政党?

分配国会席次的一个简单办法是四舍五入,但这个方法仍不够周全,因为四舍五入常常可能改变席次总数,违反宪法第一四九条精神,所以必须寻找其他办法。

处理这个比例问题的理论家表示,分配委员会席次的公平办法必须满足两项要求。第一,产生的席次数字一定要等于按人口比例计算出来的数字的舍或入,因此苏黎世州应该分配到的代表数是不少于34或不多于35,这就是所谓配额法则。第二,分配方法不能产生矛盾的结果。例如,选民数字增加的州分配到的席次不能减少,而应把减少的席次归给选民数字减少的州,这项做法称为"单调要求"。

这些条件乍看似乎很合理,但若以数学方法进行研究或实际测试,会发现完全不是这么回事。1980年,数学家巴林斯基(Michel Balinsky)与政治科学家杨(Peyton Young)证明了一个非常重大但令人失望的结果:理想的分配方法并不存在。能满足配额法则的方法就不能满足单调要求,而能满足单调要求的方法又违反配额法则。

那么到底该怎么办呢?瑞士联邦法第十七条规范了联邦委员会席次该如何分配给各州。首先,人口数小到不足以分配到一个代表的州,可以得到一个席次;其他人口够多的州,则算出其席次的整数及小数部分。接下来,先做初步分配,每州先无条件舍去小数点后部分席次。最后,在所谓的剩余分配中,剩下的席次再分配给舍去的小数部分最大者。这个方法看似可以接受,尽管对大党稍微有利:3.3舍去小数变成3的杀伤力,远比28.3变成28严重得多。

就算这个方法看起来很有道理,却会造成大麻烦。问题首先在美国浮现,美国在1880年代所用的分配方法与瑞士一样。一个很有数字观念的谨慎员工无意中发现,如果国会席次从299人增加到300人,亚拉巴马州就会损失一位议员。这种不合理的情况与单调要求相矛盾,此后被称为亚拉巴马悖论。在表6.1的例子里,众议院议员人数从24增加到25时,A州离谱地损失了一个议员名额。

表6.1 亚拉巴马悖论

虽然联邦委员会的规模扩大,A州却反而会损失一个席次

	A州	B州	C州	总计
委员会共有24个席次				
人口(万人)	390	700	2700	3790
占比	10.29%	18.47%	71.24%	
占比席次	2.47	4.43	17.10	
初步分配	2	4	17	23
剩余席次	0.47	0.43	0.10	
剩余分配	1	0	0	
席次总数	3	4	17	24
委员会共有25个席次				
人口(万人)	390	700	2700	3790
占比	10.29%	18.47%	71.24%	
占比席次	2.57	4.62	17.81	
初步分配	2	4	17	23
剩余席次	0.57	0.62	0.81	
剩余分配	0	1	1	
席次总数	2	5	18	25

以瑞士而言,1963年后便不存在这个问题了,因为从那年开始,代表人数就固定为200人。至于美国国会议员的人数,则自1913年后就固定为435人。

亚拉巴马悖论不是唯一的潜在问题,另一个悖论可能在某些

情况下出现,也就是人口悖论。人口增加的选举区可能损失代表的人数,席次反而跑到其他人口减少的选举区。在表6.2的例子中,C州的人口减少,A州的人口增加,但C州却多得到了A州减少的一席。人口悖论和亚拉巴马悖论的症结都在于席次的小数位数。在瑞士人口悖论仍然隐现着,尽管迄今尚未给瑞士造成任何问题,并且秉持"没坏,就不必修"的精神,就只好先将这个问题暂时搁置了。瑞士目前采用的分配方式仍然是先无条件舍去小数部分,再依小数点后的数字由大至小分配剩余的席次。

表6.2 人口悖论

C州人口减少,却从人口增长的A州抢来一个席次

	A州	B州	C州	总计
国会共有100个席次				
1990年人口普查(万人)	6570	2370	1060	10000
占比	65.7%	23.7%	10.6%	
国会席次分配	65	23	10	98
剩余小数	0.7	0.7	0.6	
剩余分配	1	1	0	2
席次总数	66	24	10	100
2000年人口普查(万人)	6600	2451	1049	10100
占比	65.35%	24.26%	10.39%	
国会席次分配	65	24	10	99
剩余小数	0.35	0.26	0.39	
剩余分配	0	0	1	1
席次总数	65	24	11	100

但问题仍未结束,即使联邦委员会的200个席次都依比例分配给各州,每州的席次还是要分配给各政党,瑞士联邦法第四十条及第四十一条规定了相关程序。比利时律师、税务专家及根特大学民权与税法教授东特(Victor d'Hondt, 1841—1901),对席次分配

提出了关键的建议。

东特提出一个法则,确保每个席位后面有最大数量的选票。这项做法如下:

对每一个席次,先将投给各政党的票数除以该政党已经分配到的席位数加1,所得的商最高者可以得到那个席位。持续进行这项流程,直到所有席次分配完毕(表6.3会让这个听起来很复杂的流程更清楚一点)。

瑞士很快就察觉又白忙了一场,东特的计算方法就是百年前杰斐逊总统(President Thomas Jefferson)提出的方法,他就是用这个方法来分配美国众议院的席位。从瑞士的考虑来说,他们拒绝将名称的所有权让给比利时人或美国人,于是决定以巴塞尔数学及物理学教授哈根巴赫—比朔夫(Eduard Hagenbach-Bischoff)的名字来命名。这是因为哈根巴赫—比朔夫在担任巴塞尔市议员时无意中发现了此法。

表6.3 杰斐逊—东特—哈根巴赫—比朔夫法(分配10个席次)

	政党A	政党B	政党C
得票	6570	2370	1060
1.席位	6570*	2370	1060
2.席位	3285*	2370	1060
3.席位	2190	2370*	1060
4.席位	2190*	1185	1060
5.席位	1642*	1185	1060
6.席位	1314*	1185	1060
7.席位	1095	1185*	1060
8.席位	1095*	790	1060
9.席位	938	790	1060*
10.席位	938*	790	530
总 计	7	2	1

备注:每个政党得票数除以已分配到的席位数加1,结果数值最高者(以*表示)可以得到那个席位,直到所有席次分配完毕。

虽然这个杰斐逊—东特—哈根巴赫—比朔夫法对大党稍微有利,但这不算是一个大缺陷。事实上,只有以累积方式应用时,小党才会感觉不利,例如当议会再次以东特的方法来分配各种不同委员会的席位时。套句丘吉尔的话,你可以说杰斐逊—东特—哈根巴赫—比朔夫法是个最烂的席次分配方法——除了其他那些已经试过的方法之外。

36 一块钱值多少?

◆ 摘要:1美元不一定总是为其所有者带来相同的"效用",例如1美元带给乞丐的效用远大于百万富翁。

1713年,著名数学家尼古劳斯·伯努利提出了下面这个游戏问题:

- 掷一枚硬币。
- 如果正面朝上,你可以得到2美元,游戏结束;但如果是背面朝上,再掷一次。
- 如果硬币出现正面,你可以得到4美元,游戏结束,依此类推;但只要正面朝上,奖金就加倍。
- 掷过 n 次硬币后,如果硬币第一次出现正面朝上,那么游戏者就可以获得 2^n 美元。

抛掷超过30次之后,奖金总额会超过10亿美元,真是一笔巨额奖项。现在问题来了,请问:赌客会付多少钱来购买参加游戏的权利?

大多数人愿意支付的价格介于5美元至20美元之间,但这是否合理?一方面,赢得4美元以上奖金的概率只有25%;但另一方面,奖金也可能相当可观,因为在正面朝上之前,先连续多次掷出背面的概率虽然极小,但决不是零。因此,在这个例子中,可能赢得的巨额奖金可能会弥补成功概率微小的缺点。伯努利发现,奖金的期望值是无限大!(计算奖金期望值的方式是,以所有可能获得的奖金乘上对应的出现概率,然后相加得出。)

矛盾就在这里出现了,试想:如果奖金的期望值是无限大,那么为什么没有人愿意付1万美元、10万美元,甚至1000美元,来玩这个游戏?

这种深奥行为的解释牵涉到统计学、心理学和经济学。两位瑞士数学家克拉默(Gabriel Cramer, 1704—1752)及尼可劳斯的表弟丹尼尔·伯努利提出了解答。他们指出,1美元不一定总是为其所有者带来相同的"效用",例如1美元带给乞丐的效用远大于百万富翁。对前者而言,拥有1美元的意义可能代表着今晚不必饿肚子睡觉;但后者根本不会注意到他的财产多了1美元。同样,出现第31次背面朝上所赚到的第二个10亿美元,其效用也比不上前30次掷币后所获得的第一个10亿美元,所以20亿美元的效用并不是10亿美元的两倍。

解释这个谜题的关键因素是,游戏的预期效用(奖金的效用乘上其概率)远低于预期奖金。自从丹尼尔·伯努利在《圣彼得堡皇家科学院评论》(Commentaries of the Imperial Academy of Science of St. Petersburg)中发表专文后,这个惊人的理论就被称为圣彼得堡悖论。

约1940年时,美国新泽西州普林斯顿高等研究院两位来自欧洲的移民,开始研究效用函数的概念。一位是犹太人冯·诺伊曼,他是20世纪最杰出的数学家之一,因纳粹入侵而被迫离开祖国匈牙利;另一位则是经济学家摩根斯特恩(Oskar Morgenstern, 1902—1976),他因为厌恶纳粹而离开奥地利。

这两位外来移民在普林斯顿共事,认为他们的研究成果应该可以写成一篇对策论的短文,但这篇论文的篇幅却持续增长,最后,他们在1944年以《对策论与经济行为》(*Theory of Games and Economic Behavior*)为标题出版这部著作时,其篇幅已厚达600页。这项创新成果对经济学的进一步发展带来深刻的影响。该书引用伯努利与克拉默的效用函数作为公理,描述了众所周知的"经济人"[1]行为。然而,很快就有人注意到,在概率很低而金额很高时,受试者常常做出与此假定的公理相抵触的决策。不过,这两位经济学家仍不退却,坚持他们的理论是正确的,而许多人表现出来的是不理性的行为。

即使有上述缺点,效用理论依然产生了深远的影响。伯努利与克拉默为圣彼得堡悖论提出的解释,成为了保险业的理论基础。效用函数代表了大多数人宁可保有98美元现金,也不愿参加一个赢得70美元或130美元概率各半的彩票赌局,即使彩票的预期奖金是比较高的100美元,其间的2美元差异就是我们大多数人愿意为消除不确定性所付出的保险金。至于为什么许多人仍然愿意购买保险以规避风险之余,同时又花钱买彩票来面对风险,则是另一个有待解释的矛盾现象。

---

[1] 亚当·斯密提出的概念,指理性、自利的人,在一些限制条件下追求效用的最大化。——译者

37 这篇文章是谁写的？

◆ **摘要**：如果两篇文章是同一位作者写的，算法需要的储存空间较小；若附加的短文是来自不同作者，则需要的空间较大。

我们想在硬盘里储存的数据，其数据量增长的速度远高于储存设备容量快速增长的速度，因此我们需要能够把磁盘数据塞得更密的软件，才能克服硬件的限制。压缩技术的发展，使我们有了意料之外的应用。

要了解何谓数据压缩，必须先了解熵这个概念，物理学中的熵是系统（例如气体）的无序程度的量度。在电子通信中，熵是信息中信息量的度量。举例来说，由1000个重复的0所组成的信息，含有的信息量极少，熵值也极低，它可以被压缩为简短的形式："1000乘以0"。另一方面，由1与0组成的安全随机数列，其熵很高，根本无法压缩，储存这种字符串的唯一方式就是重复每一个字符。

相对熵代表在以一个字符列的最佳压缩方式来压缩另一个字符列时，有多少储存空间被浪费掉了。最适用于英文的莫尔斯电码就是一个例子。英文中极其频繁出现的字母"e"分配到最短的码：一个点；而鲜少出现的字母则被分配到较长的码，例如"q"的码是"— —·—"。对英文以外的语言来说，莫尔斯码不是非常理想，因为码的长度与字母出现的频率没有相互对应关系。相对熵测量的是需要多少额外的圆点与横线，才能以最适用于英文的码，来传递一篇例如意大利文的文章。

大多数数据压缩程序都是依据1970年代末以色列海法理工学院的两位科学家所提出的算法。计算机科学家伦佩尔（Abraham Lempel）及电子工程师齐夫（Jacob Ziv）所发明的方法，源于一个文件中常常重复出现相同的字符串。一个字符串首次出现时，会进入一个"字典"，当同一个字符串再度出现时，就会有一个指针指向字典中的合适位置，由于指针所占的空间较序列本身小，因此文章被压缩了。不仅如此，准备一个列出所有字符串的表格并不按照标准字典的编辑规则，而要依照待压缩的文件做自我调整。算法能够"学习"那些极常见的字符串，然后视情况调整压缩方式，随着文件容量的增大，所需的储存空间就会按照文件的熵值逐渐降低。

计算机在科学上的运用总是让人拥有无尽的想象空间，而压缩算法同样可以应用在节省计算机文件储存空间以外的领域。意大利罗马拉萨皮恩扎大学的两位数学家和一位物理学家——贝内代托（Dario Benedetto）、卡廖蒂（Emanuele Caglioti）和洛雷托（Vittorio Loreto）——决定将伦佩尔—齐夫算法运用在工作中。他们的目标是辨识一些文学作品的作者，素材源自11位意大利作家写出的90篇文章［包括但丁（Dante，1265—1321）和皮兰德娄（Luigi Pirandello，1867—1936）[①]］。先选出特定作者的文章，文末分别附

[①] 意大利小说家、戏剧家，1934年获颁诺贝尔文学奖。——译者

上两段长度相同的短文:一段来自同一作者,另一段则来自另一个作者。两个文件都放入压缩程序里,例如已经被大众广泛使用的WinZip程序,接下来科学家检查两者各需多大的储存空间。他们预测这种复合文章的相对熵,可以作为辨认佚名文章作者的指标:如果两篇文章是同一位作者写的,算法需要的储存空间较小;若附加的短文是来自不同作者,则需要的空间较大。后者的相对熵会较高,因为算法必须考虑两个作者的不同风格与不同词汇,要使用较多空间来储存文件。复合文章压缩后的文件愈小,原文与附加文章愈可能是同一位作家的作品。

实验结果简直令人震惊。在将近95%的事例中,压缩程序能正确辨认作品的作者。

当这3位科学家为他们的新发现雀跃不已时,却没有注意到,或至少是忘了在他们的参考文献目录中提到的,他们的方法并不像他们曾想象的那般新奇。事实上,他们并不是第一个想到用数学方法来辨认文学作品作者的人。哈佛语言学教授齐普夫(George Zipf, 1902—1950)1932年就研究过类似的单字频率问题;而苏格兰人尤尔(George Yule, 1871—1951)也在1944年的论文《文学词汇的统计研究》(*The Statistical Study of Literary Vocabulary*)中阐明,自己如何确认出手稿《遵主圣范》(*De imitatione Christi*)的作者是15世纪住在荷兰的著名神秘主义者肯皮斯(Thomas à Kempis, 1380—1471)。当然还必须一提的有18世纪的《联邦主义者文集》(*Federalist Papers*),直到1964年,美国统计学家莫斯特勒(R. Frederick Mosteller)及华莱士(David L. Wallace)才确认了该书的作者是汉密尔顿(Alexander Hamilton)、麦迪逊(James Madison)和杰伊(John Jay)。

由于进展十分顺利,贝内代托、卡廖蒂及洛雷托决定再进行另一项实验。他们分析了不同语言间的相似程度,属于同一语系的两种语言应该有较低的相对熵,因此压缩两篇相同语系文字组合而构成的复合文章,会比压缩两种不同语系文字组成的文章有更高的效率。这几位科学家分析了52种不同的欧洲语言,再度获得了成功。他们利用压缩程序,将每种语言归到正确的语系。举例来说,法文和意大利文的相对熵很低,因此属于相同的语系;另一方面,瑞典文与克罗地亚文的相对熵较高,因此一定是来自不同的语系。Win Zip甚至可以确认马耳他文、巴斯克文及匈牙利文是独立的语言,不属于任何已知的语系。

实验的成功让3位科学家乐观地认为,利用压缩软件测量相对熵,或许也可以运用于其他数据串,如DNA序列或股市的变动。

坐而言不如起而行

前述方法激起了我做测试的念头。我所使用的文字模板是我为瑞士大报《新苏黎世报》撰写的短篇新闻报道,18篇文章中涵盖了以色列发生的种种事件,共有14 000多个单词、105 000个字符。删除标题及副标题后,我将文章储存为Ascii文件(一种字符编码),并用WinZip压缩。

当我看了结果后,吓了一大跳,这些我费时整整一个月呕心沥血写出的原文,经过压缩之后,缩小了2/3。于是得到一个无可避免的结论,原文中只有33%是重要信息,而其余2/3只是单纯的熵。换言之,有2/3全是多余的。

我试图自我安慰,说服自己,一定是高超的文字排列提供了有意义的信息,而不是单词本身。为了证明这个攸关面子的理论,我依字母顺序排列这14 000个单词,然后再压缩一次。瞧!依字母排序的单词序列可以被压缩掉超过80%,只提供了20%的信息(这当然不令人意外,因为"以色列"或"以色列人"这些字出现大约231次,而"巴勒斯坦人"和它衍生出的相关单词总共出现了195次)。

这表示用有意义的次序来排列单词(只有杰出的新闻记者才能胜任这个工作),会比字典多提供13%左右的信息。虽然自我安慰的效果不算太好,但好歹让我松了一口气。不过随后又受到了重重一击,随机收集的14000个单词只能被压缩60%。与绝妙好文的66%压缩率相较,完全随机收集的单词集合包含的信息比真正的文章还多,这给我留下了深刻印象。

在以下实验中,我用了3篇文字模板:其中两篇是各1000字的长文,分别是我和报纸编辑史蒂芬(Stefan)写的;另外一篇则是我写的50词短文。我把这篇短文接在两篇较长文章的后面,然后再压缩这两篇文章。

结果与意大利科学家的发现相符:当我那篇由462个字母组成的短文加到我的文章中时,WinZip需要159个额外的字母;若是接在史蒂芬的文章中,压缩程序需要再加209字母。因此,这证明短文不是史蒂芬写的,而是在下的手笔。

38 自然界有哪些数学秘密？

◆ **摘要**：向日葵花盘里的籽粒是以左旋或右旋的螺旋状排列的，螺旋中的籽粒数量通常对应于斐波那契数列中的两个相邻数字；松果和菠萝上的螺旋数或仙人掌的尖刺数，也对应于斐波那契数列中的两个相邻数字，但没有人知道为什么会这样。

汤普森（D'Arcy Thompson, 1860—1948）是苏格兰生物学家、数学家及古典文学学者，向来以兴趣广泛和稍显古怪的习惯闻名。现今大家对他印象最深刻的，可能是他的开拓性大作：1917年出版的《论生长与形态》（*On Growth and Form*）。他在书中说明了数学公式和用数学的方法可以描绘许多生物体和花朵的形状，举例来说，淡菜可以被具体描述为对数螺线，蜂巢的形状则是可以铺满一块区域（不留缝隙）且其周长最小的多边形。

但汤普森最让人惊讶的发现是：看起来截然不同的动物的形状，往往在数学上是相同的。利用正确的坐标变换，亦即拖、拉、转，就可以使鲤鱼变成翻车鱼，其他动物也是如此。许多四足动物与鸟类之间的外观差异，也只是外形的线条长度与角度不同而已。

汤普森对这种现象的解释是，不同的外力会拉扯、挤压动物的身体，直到它变成适合环境的流线形或其他形状。他写道："万物如此，皆因其本。"

变化后的外形代代相传。由于这个理论可以解读为对环境的适应能力，汤普森的发现刚好吻合当时已十分流行的达尔文的观点（离题一下，强化或扭曲面部及身体特征的技巧，包括耳朵突出、椭圆脸蛋、大鼻子，一直是几世纪来漫画家的谋生工具，为读者带来无数欢乐）。

这位知识丰富的苏格兰学者不是第一个用数学来说明自然现象的人，13世纪初，来自意大利比萨的波那契（Leonardo Bonacci, 1170—1250）——后来被称作斐波那契（Fibonacci, 意即波那契之子）——早已研究过兔子的繁殖问题，也就是由一对兔子宝宝开始，之后任意一个时间点兔子的总数是多少。第一个月结束时，这对兔子已进入青春期，可以交配，数量则仍是两只；然后第二个月月底，母兔生了一对小兔子，所以共有一对成兔及一对幼兔；第三个月月底，成兔再度交配后，又生了一对兔宝宝，此时已经有了三对兔子。其中一对才刚出生，但另外两对已经到了可交配的年龄，因为它们是兔子，所以再次交配；一个月后，第二代的兔子及它们的父母又各自生了一对兔宝宝，现在总共有5对兔子。

斐波那契问题的答案，就是我们称为斐波那契数列的一串数字。数列的前几项为：1, 2, 3, 5, 8, 13, 21, 34…这个程序无限延续，每个数字都是之前两个数字的和（例如13+21=34）。当然，这并不能证明将来兔子会占领全世界，只代表斐波那契忘了考虑兔子过了一段时间会死掉这个因素（这个案例表明，即使是毫无瑕疵的归纳，数学家有时还是会滥用他们的科学，以不正确的前提作开端，得出错误的结论)。

斐波那契数列后来以多种面貌出现,例如向日葵花盘里的籽粒是以左旋或右旋的螺旋状排列的,螺旋中的籽粒数目通常对应于斐波那契数列中的两个相邻数,如21和34。松果和菠萝上的螺旋数或仙人掌的尖刺数,也对应于斐波那契数列中的两个相邻数,没有人知道为什么会这样,但有人怀疑这种现象与植物的生长效能有关。

过去一直致力于研究竹子的比利时植物学家吉利斯(Johan Gielis),决定加入一长串科学家的行列,他们的雄心是要把自然现象缩减为一个简单的原则。他在《美国植物学期刊》(The American Journal of Botany)中发表的论文,因为强大宣传机器的催化,以及文中所用的动听字眼"超级公式",很快就激起了大众的兴趣。吉利斯在文中宣称,许多在生物体上发现的形状,都可以被简化为单一的几何形式。

他先从圆的数学表达式着手,调整一些参数后,就可以变成椭圆的数学表达式;然后再加入一些变化,又可以产生其他形状,如三角形、正方形、星形、凸形及凹形,还有另外许多形状。吉利斯不像汤普森许多年前那样,拖、拉或扭、捏图形,而是操控超级公式中的6个变量,借以模拟出不同动植物的图形。因为圆形在变形之后,可以呈现出各式各样的形状,因此吉利斯主张这些形状是相等的。

超级公式绝对不是较高等的数学,也无法产生革命性的理解或发现。虽然在媒体上轰动一时、佳评如潮,但超级公式仍比较像是业余娱乐性的数学,严谨的科学家根本不把它当一回事。斐波那契至少还以兔子繁殖解释了斐波那契数列;汤普森则研究生物体所承受的作用力,以解释他的变形论。反之,吉利斯的超级公式却什么也没解释,只是给出许多生物外形上的大略描述。虽然有这个缺点,吉利斯仍为其数学公式的算法取得专利,甚至成立了一家公司来开发、营销这项发明。

39 改正英文错字

◆ **摘要**：相较于更正错误，检测错误简单多了！

2002年8月，国际数学家大会在北京举行，这场盛大的会议每四年举办一次，来自世界各地共襄盛举的数学家高达数千人，这是一个表扬杰出人才中的佼佼者的好机会。1982年，奈旺林纳奖〔Nevanlinna Prize，为纪念芬兰数学家罗尔夫·奈旺林纳（Rolf Nevanlinna, 1895—1980）而命名〕首次颁发给在理论计算机学领域有卓越表现的人士。2002年的得主是麻省理工学院教授苏丹（Madhu Sudan），对他的赞词中特别提到他在纠错码①方面的贡献。

计算机使用者可能都十分熟悉错误修正软件，例如大多数文字处理软件都有拼字检查功能，如果键入"hte"，就会有一条红色波浪状线条出现在这组无意义的字母组合下方，告诉我们英文中没有这个单字，而这种功能通常被称为"误差检测"。

有些文字处理软件的功能不只如此。举例来说，英文中的t，

---

① 一种误差纠错码，可自动检测和修正错误。——译者

h, e 这三个字母组成的单字只有一个,因此打字者想打的字是毋庸置疑的,于是先进的文字处理软件会自动以"the"取代错误的字符串,而这种情况就称为纠错。

相较于更正错误,检测错误简单多了!在传输文本或复制文件时,纳入"校验和"就可以检测错误。例如,对于数字串,可以用串中数字的总和来做检测;如果传送端与接收端的校验和不一致,就知道至少有一个错误发生,必须重新传输一次。

传输的重复是一件费时的工作,所以若能在接收端自动纠错,就能提高效率。因此,优良的软件不会要求你重打"the"这个字,而是自动以正确的单词取代错误的"hte"。

这种功能是何时、如何发明的?令人讶异的是,它源于17世纪上半叶天文学家及数学家开普勒长时间研究的一个完全不相干的问题。他提出的问题是:在蔬果店小货车上堆橙子或番茄时,哪种排列方式最有效率?换言之,如何让这些水果间的空隙最小?

堆番茄问题和纠错有什么关系?想象在一个三度空间中,字母沿着三个坐标轴依相同间距排列,假设间隔是1厘米。三个字母组成的单字可以被视为空间中的一点,x轴代表第一个字母,y轴是第二个字母,z轴则为第三个字母。如此一来,每个单字都可以表示为26×26×26厘米方块中的一点,英文中没有的字则维持空白。于是如果传输的是无意义的字母序列,就会对应到一个空的空间,误差检测程序会自动产生标志。纠错程序则还会有更进一步的动作:自动寻找最接近的"合法"单词。

合法点彼此之间的距离愈远,对可能的错误的疑虑就愈小,也更容易以正确的单字取代错误的字母序列。因此,为了避免模糊不清,必须确保在每个合法单词周围一定距离内,没有其他合适的单词。另一方面,我们又想把尽量多的词塞到这个方块中,于是问题变成是:如何在方块中储存最多的点,同时各点之间又保持最小距离?这也是开普勒自问的问题:如何将橙子或番茄堆放得尽可能紧密,又不彼此挤烂?

几个世纪来,蔬果店皆熟知蔬菜、水果的最佳堆栈方式,就是排成蜂巢的形状即六边形,但直到1998年美国数学家黑尔斯才严谨地证实了这个猜想。理论上,由26个字母组成的方块中,总共可以储存17576(=26^3)个三字母单词。开普勒问题的解答却表明,彼此相距1厘米的单词,若用最紧密的叠法,可以在相同的空间中储存25 000个单词。另一方面,如果想在两个单词间建立一个较宽的安全地带,假设是2厘米,那么最有效率的叠法只容许储存约3000个单词。

若要处理超过3个字母以上的单词,必须利用三维以上的空间。但截至目前,更高维空间里最有效率的堆栈方式仍未有定论。

40 无法计算出长度的围墙

◆ **摘要**：沿着围墙的水泥块走走，很快就会发现围墙常要绕过房子；要在两片田地之间蜿蜒而过；或是避开地形上的障碍，因此围墙的实际长度可能比最精确的地图所显现的更长。

数学本应无关政治，但数学无所不在，即使政治里也有数学的踪影。用以色列在西岸建造的安全围墙为例，其合法性曾受国际法庭审查，但不只是建造过程受到质疑，双方连最简单的事实都没有共识：围墙的长度。

以色列军方发言人宣称，环绕耶路撒冷的围墙长54千米，但巴勒斯坦研究中心的地理学家陶法吉（Khalil Toufakji）表示，检视过军方的资料后，他得到的结论是围墙长72千米。

这次双方可能都对或都错，原因就藏在分形的数学理论里。所谓分形，是指重复出现但愈来愈小的几何形状。围墙的长度取决于所用地图的比例尺大小：当地图上的1厘米代表实际的4千米（1∶400 000）时，围墙长度只有约40千米。在比较详细的地图上，1厘米对应500米实际距离（1∶50 000），可以分辨出围墙更曲折的细部,长度增加为50千米。在比例为1∶10 000的地图上,可以看出更多的细节,围墙就变得更长了。

现在让我们沿着围墙的水泥块走走,很快就会发现围墙常要绕过房子;要在两片田地之间蜿蜒而过;或是避开地形上的障碍。即使在高比例的地图上,也无法呈现这些细节,因此围墙的实际长度可能比最精确的地图所显示的更长。忽然间,以色列与巴勒斯坦双方宣称的不同长度,都变得合理而有意义了。

这一切起始于法国数学家芒德布罗(Benoit Mandelbrot, 1924-)的一篇文章。他在1967年发表的论文《英国的海岸线有多长?》(How Long Is the Coast of Great Britain?)中,并没有回答自己提出的这个问题。他指出那个问题毫无意义,在大比例的大英地图中,大大小小的海湾清晰可见,但在较不精细的地图中则无法显现出这些海湾。而且如果实地步行测量悬崖与海滩,会得到更长的海岸线,其确实的长度还会视测量时海面的高度而定。

这项发现也适用于陆地上的边界,除了定义为直线的地理边界(如南、北达科他州的边界),并没有所谓"正确"的边界长度。例如,在西班牙和葡萄牙的教科书中,两国的共同边界长度相差了20%。这是因为较小的国家利用较大比例的地图来描述自己的国家,所以形成了较长的边界。

依据芒德布罗的说法,唯一能做的定量描述是线条的"分形维数",这是一个形容几何物体不规则程度的数。所有海岸线与边界的分形维数皆介于1与2之间,线条的弯曲、转折愈多,分形维数就愈高。犹他州和内华达州边界的分形维数是1,与一般规则线条的分形维数相近;而英国海岸线的分形维数是1.24,更曲折的挪威海岸分形维数则是1.52。

分形理论不仅应用于曲面上的线条,也可应用于空间中的曲面。例如,如果把瑞士的高山地形用熨斗熨平,这个国家就会变成像戈壁沙漠一样大。几年前,两位物理学家计算出瑞士表面的维度是2.43,这个值大约介于维数2.0的平地沙漠与三维空间的正中间。

芒德布罗以这篇让人头昏眼花的文章,宣告了分形时代的来临。不久,自然界中各式奇怪的形状一一被发现,诸如树木、蕨叶、血管与气管、青花菜与花椰菜、闪电、云朵与雪花结晶,还有股市的波动。

至于西岸围墙,或许它还是蜿蜒些比较好。如果它完全是一直线,理论上可以由贝鲁特直通麦加,那么国际法庭真的有得忙了。

41 为什么雪花总是六角形？

◆ **摘要**：天文学家开普勒注意到，虽然每片雪花的形状都不一样，但全部是六角形。

日本札幌北海道大学的两位物理学家，研究了一种许多小孩子每年圣诞节来临前都会观察到的现象：从窗户往外看，可能会发现吊在屋檐下的冰棱，而好奇心较重的孩子可能想知道冰棱上为什么绕有一圈圈波纹，沿着冰棱等距分布。

这两位物理学家已经离开了孩提时代，但好奇心还在，不禁想亲自研究一下这个现象到底是怎么回事。他们的第一个发现是，无论冰棱多长、气温几度，两个波峰总是相距1厘米左右。于是两位科学家提出了一个理论模型，来解释这个令人奇怪的冰棱的共同结构。

冰棱是由沿着棱身流下的薄薄水层所形成的，一部分的水凝固了，其他的水从冰棱的尖端滴下。留下来的冰形状并不规则，因此两位科学家发现了两种相反的作用，能够解释这个神秘的波纹现象。

第一种作用是所谓拉普拉斯不稳定性，也就是积在冰棱表面凸出部分的冰比凹入部分的多，原因是冰棱凸出部分较容易受天气影响，而凹入部分则受到凹陷保护，因此凸出处比凹入处更容易失去热量，让冰棱上的波纹在这些部分愈长愈厚。另一种作用则是防止波纹无限量增长，即所谓的吉布斯—汤姆森效应。这种效应是指从冰棱体上向下流的薄水层对温度有一种平衡作用，因此会阻止波纹大量生成。

这两位学者通过114条方程，得到结论：两个波峰之间的距离一定是1厘米左右。他们的分析还预测，波纹会逐渐往冰棱下方移动，速度约为冰棱增长速度的一半。两人希望未来可以很快以实验来验证这个现象。

两位日本物理学家不是最先对寒冬现象产生兴趣的人。400年前，天文学家开普勒注意到，虽然每片雪花都不一样，但全都是六角形。发现这个现象后，他很高兴地动手写了一本小册子，在新年送给一个朋友。在这本名为《新年礼物或论六角雪花》(*A New Year's Gift or On the Six-Cornered Snowflake*)的小册子里，开普勒试图解释这个现象。这位博学的科学家为这个神秘形状提出了几个可能的原因。他先试着找出冰晶六角形与蜂巢的关系，但失败了。他发现无法回答自己的问题之后，终于放弃了。他在小册的结语中表示，有一天化学家一定会找出雪花六角对称的真正原因。开普勒的预言实现了，但这是直到300年后的20世纪初，德国科学家冯劳厄(Max von Laue, 1879—1969)在发明X射线晶体学后才完成的。只有靠这种新工具，才能看到并解释雪花晶体结构的秘密。

雪花晶体是由大气中盘旋而上的微尘粒子所形成的，当它们飘回潮湿的空气中时，水分子被吸附在凝结核（如尘埃粒子）上。就像自然界其他事物，分子会尽量维持在能量最低的状态。当温度在零下12至零下16摄氏度之间时,水分子便达到了这种状态,此时水分子的晶格排列方式会变成每个分子周围有另外4个分子包围,呈金字塔状结构。在X射线的帮助下,从上往下看,这种结构类似一个六角形。虽然六角尖端只有小小的突出,但已足以产生后续的作用:在空气中飘浮的水分子,总喜欢降落在这些突起上。于是尖端(或说是雪花的手臂)就像树枝般持续成长,直到肉眼也能看见,而这就是雪花的形成过程。

42 沙堡什么时候会崩塌？

◆ **摘要**：一旦沙粒一层层堆高后，新增的沙粒就可能滑到侧边，说不定还会引发沙崩。

夏天到了，许多人热衷于去海滩度假。孩童欢欢喜喜地拿出他们的小水桶和铲子，坐在临水处，筑起小沙堆，然后这些沙堆愈来愈高，最后轰然一声，沙堆崩塌，变成平地。孩子再接再厉，又筑起更多沙堆，直到它们同样塌陷。这是个不可多得的好机会，让老爸亲自出手帮小孩上一堂富有教育意义的课。老爸嘟囔着说，只要孩子肯注意听他说的话，就能筑出更高的沙堡。但是他可能不知道，无论多么小心，沙崩总是会让沙堆四分五裂，即使沙粒从指缝间流过的速度再缓慢也没用。令人讶异的是，崩塌总是在沙堆达到一定高度时才会发生。

隐藏在这些愉快夏日活动背后的，只不过是物理学的定律。每颗沙粒都有惯性，作用在沙粒上的外力则有重力及摩擦力。但这些尚不足以解释为什么会发生沙崩，必须全面观察，才能了解沙堆的现象。

让我们先把焦点放在微观的层面,审视桌面上一颗颗晶莹剔透的沙粒。这些颗粒会试图到达最低的表面,以维持最低的能量状态。如果用液体做实验,液体就会流淌到整个桌面,最后沿着桌缘流下。然而,沙粒却会因摩擦力而彼此聚在一起。在沙堆相对较矮时,每颗新添的沙粒都可能停留在当初它落到沙堆上时的那个点处。降落点可能是一颗沙粒的上方,那粒沙又在另一颗沙粒的上方。一旦沙粒堆栈了若干层之后,新增的沙粒就可能滑到侧边,说不定就会引发沙崩。

小沙崩可以确保沙堆的陡峭程度不会超过一定限度,大沙崩也一样。科学家的实验发现,沙崩的强度可以用1950年代古腾贝格(Beno Gutenberg, 1889—1960)和里希特(Charles Richter, 1913—1984)提出的定律解释,那个定律描述的是地震发生的频率:里氏6级规模地震发生的次数,只有5级地震的1/10。

沙崩现象是所谓自组临界性的一个例子。这个名词是1988年丹麦物理学家巴克(Per Bak)提出的。巴克、汤超(Chao Tank)和维森菲尔德(Kurt Wiesenfeld)共同发现,许多相似成分组成的系统,会自动地达到某种特定状态,然后发生变化。在沙堆的例子中,临界状态由侧面的斜度决定。

巴克及其同事的概念是建立在一般通用的基础上的,因此他们的结论并不限于沙堆。不同的系统或事件都可以用相同的定律来解释,例如森林大火、交通阻塞、股市崩盘,以及进化过程。

以股市为例,投资人,姑且称之为华尔太太(Mrs. Wall),决定在股票价格到达某个水平时出售持股。施特里特先生(Mr. Street)是华尔太太的同事,老是跟随华尔太太行动,他决定要跟着卖出手中的持股。其他人则可能追随着华尔和施特里特,从而引发更多投资人抛售股票。因此，少数投资人的行为的确能导致卖潮，并引发股市崩盘。事实上，统计学家已经发现，无论大小，股市崩盘发生的频率和摧毁沙堆的沙崩相当类似。

另一个自组临界性的例子是交通阻塞，在海边轻松度假之前，必须先忍受到达海边的路程。车流速度缓慢但稳定，突然间，前面一个司机踩了刹车，如果汽车与汽车之间彼此跟随的距离不是太近，什么事也不会发生。但就像一粒沙也可能造成沙崩一样，如果车流量大，密度又高，一位司机的小小刹车动作就可能引起可怕的交通阻塞。按照统计学的说法，受阻塞的车辆数相当于沙崩的规模。

43 为什么总是打不到苍蝇？

◆ **摘要**：有人不曾被苍蝇的嗡嗡声吵到发狂过吗？苍蝇拍根本没有用，每次想一拍子打扁它时，它总是能够改变飞行路线，逃过一劫。

有人不曾被苍蝇的嗡嗡声吵到发狂过吗？苍蝇拍根本没有用，每次想一拍子打扁它时，它总是能够改变飞行路线，逃过一劫。这一点并不令人意外，因为苍蝇拍动10下翅膀就能做出特技般的转弯，而这只需要1/20秒的时间。苍蝇为什么能够在半空中表演这些所谓的特技或急转弯呢？

有两个因素可能影响苍蝇的空气动力学状态，一个是苍蝇皮肤在空气中的摩擦力；另一个则是身体的惯性，让飞行中的苍蝇能持续飞行。30年来，我们假设大型动物，如鸟和蝙蝠等，其空气动力学状态是由惯性产生的。而我们一般认为，苍蝇体型太小了，无法依靠惯性产生显著效果。因此，科学家认为，小型动物飞行方向的瞬间改变是靠着其皮肤与空气的摩擦力，所以苍蝇其实好像是在空中游泳似的。

苏黎世瑞士联邦理工学院和苏黎世大学共组的神经信息研究中心的弗赖伊(Steven Fry)以及来自加州理工学院的同行莎亚曼(Rosalyn Sayaman)、迪金森(Michael Dickinson),一起纠正了这个错误的观念。在发表于期刊《科学》(Science)的论文中,他们研究了果蝇无动力自由飞翔的空气动力学机制。

这几位研究人员在一间特别设计的实验室中,安装了3台高速数字摄影机。每台摄影机皆以每秒5000帧的速度,拍下果蝇接近及避开阻碍时的动作,然后将记录到的数据下载到由计算机控制的机器虫体上。这只虫有依比例制造的人工翅膀,可浸入装满矿物油的水池里。靠着这只机器果蝇,3位科学家测量了飞行昆虫拍动翅膀所产生的空气动力。

他们的实验获得了一些杰出的发现。他们注意到,果蝇急转弯前,必须先以两翅动作的微小差异形成扭转力矩。但他们最有兴趣的是果蝇开始转弯时的行为。如果空气摩擦力真的是果蝇急转弯的决定因素,那么只要拍几下翅膀就足以克服阻力,然后果蝇很快就可以将翅膀回复到正常状态,继续向前飞。然而,研究人员发现,事情并非如此。转弯开始时的一瞬间,果蝇用翅膀制造出反转力矩,但只持续几下拍翅的时间。

为什么果蝇要这么做?开始转弯后,果蝇虽然已经停止用翅膀产生附加力矩,但惯性仍然使果蝇继续旋转。就像溜冰选手表演脚尖旋转一样,果蝇也会持续绕着自己的轴心旋转。为了不让身体转个不停,果蝇"踩了刹车"。因为这种反向操舵技术只有在抵抗惯性时才会用到,3位研究员证明了惯性才是(不是摩擦力)果蝇在空中飞行的决定因素。

44 交易菜鸟活络市场效率

◆ **摘要**：当买方新手遇到卖方老手时,最有效率;而效率最差的情况,发生在双方都是"老鸟"的时候。太熟悉游戏规则,显然是交易伙伴之间的阻碍,他们急着想找出双方都能接受的价格。

上过经济学第一堂课的学生都知道,根据亚当·斯密(Adam Smith, 1723—1790)的理论,供给和需求决定商品销售的价格及数量。但在现实生活中,这种关系相当罕见。通常市场会受到许多无法控制的外力的影响,造成与理论不符的结果。

经济学家研究和了解市场与经济行为时,一开始往往求助于附加的假设、参数与变量。但困难仍然存在,不仅没有更接近解答,模型反而变得愈来愈错综复杂、无法操控,而且不切实际。

因此,经济学家效法物理学家及化学家,试图用实验来证明他们的论点。他们设立实验室,尽可能模拟"真实的"市场状况,最后观察受试者是如何作决策并参与经济活动的。实验经济学于是诞生了。

约50年前,哈佛大学的张伯伦(Edward Chamberlain, 1899—

1967)利用哈佛学生当小白鼠,创先将实验方法应用于经济学。很遗憾,他的结果背离了新古典市场理论,实验所得的数据高于竞争性市场均衡模型预测的结果,价格又偏低。几年后,张伯伦的学生史密斯(Vernon Smith, 1927—)改良了老师的方法。他的实验得到了近似均衡市场的价格与数量,终于让古典理论有了实验论证。史密斯和研究方向相近的以色列裔美国行为心理学家卡尼曼(Daniel Kahneman),因这项研究成果而共同获得了2002年诺贝尔经济学奖。

在一项新实验中,马里兰大学经济学家李斯特(John List)再度进行了古典理论的实验。他将一些卓越的发现发表在《国家科学院院报》上。李斯特所用的经济商品是球迷的热门收藏品——棒球卡。为了寻找受试者,李斯特跑到收藏者市场,询问许多交易者和参观者参与实验的意愿。这些"选手"被分为4组:买方、卖方、新手和经验丰富的"老鸟"。先发给每个卖方一张知名球员的球卡,球卡上的球员照片被事先涂上胡须,因此对真正的收藏家来说,这张球卡已经一文不值;但这可以确保参与实验者不会临阵脱逃,把球卡拿到真的市场上交易。

然后,李斯特将最高买价分配给每个买家,最低卖价分配给每个卖家。这种保留价的安排方式,能够产生供给与需求曲线,而且会让两条曲线在7张球卡与13美元至14美元价格处交叉。参与者有5分钟时间寻求交易对象,讨价还价,直到敲定成交价或者谈不拢。这个人造市场的效率,是以实验中成交球卡的价格、数量与古典理论预测值的接近程度来衡量的。

李斯特的实验结果果然很接近理论的预测。在20个案例中,有18个案例成交了6至8张球卡,其中10个案例的球卡平均价格刚好等于预测价格。

但李斯特还注意到了更进一步的细节：市场经验在市场效率中扮演了重要角色。当买方新手遇到卖方老手时，最有效率；而效率最差的情况，发生在双方都是"老鸟"的时候。太熟悉游戏规则，显然是交易伙伴之间的阻碍，他们急着想找出双方都能接受的价格。但对自由市场经济的信仰者来说，这个发现实在让人有些沮丧。

45 网络服务器的摇尾舞

◆ **摘要**：蜜蜂的摇尾舞可以在蜂巢中为其他蜜蜂提供关于花丛的距离及品质的信息。空闲的蜜蜂看到同事的摇尾舞后，就可以启程工作。科学家根据蜜蜂的行为，设计了服务器分配模型，并进行了模拟测试。

罗马学者及作家瓦罗（Marcus Terentius Varro，公元前116年—公元前27年）相信，蜜蜂是绝佳的建筑工程师。在检视了它们的六角形蜂巢后，他就怀疑这是一种以最少蜂蜡盖出最多蜂蜜储藏空间的结构。但最近又有人指出，蜜蜂也是极佳的计算机工程师。在瓦罗之后2000年，牛津大学的纳克拉尼（Sunil Nakrani）及佐治亚理工学院的托维（Craig Tovey）在研讨会中提出了一篇论文，主题是社会性昆虫的数学模型。他们模仿蜜蜂寻找花蜜的行为，找出了网络服务器的最优负荷分配方式。

1930年代的诺贝尔奖得主，动物学家弗里施（Karl von Frisch，1886—1982）发现了所谓蜜蜂的摇尾舞，可以在蜂巢中为其他蜜蜂提供关于花丛的距离及品质的信息。空闲的蜜蜂看到同事的摇尾舞后,就可以启程工作(蜂窝里很黑,因此它们并不是用眼睛"看"舞蹈,而是从空气压力的变化来推断)。蜜蜂起飞前,彼此之间并不做沟通,所以它们不知道哪个花丛可以收获多少花蜜,但依旧能让采集花蜜的速率达到最大。贫瘠的花丛只由少数蜜蜂采集,而收获量大且距离近的花丛则有大量蜜蜂造访。发生这种现象的原因是所谓群体智慧:即使每只蜜蜂只遵循少数指示,整个群体仍会表现出几近最优化的行为。

纳克拉尼及托维感兴趣的是网络服务器提供者面临的问题。网络服务提供者提供数种网络服务,如拍卖、股票买卖、订购机票等,他们依照预测的每种服务的需求,分配特定数目的服务器(称为一个群集)给各项服务。

两位科学家根据蜜蜂的行为,设计了服务器分配模型,并进行了模拟测试。接踵而来的使用者需求,分别被分配到各类服务的等候队伍中,待需求完成之后,服务器提供者就可以得到一笔收入。涌进来的不同服务的订单数目不断变动,如果能把使用率过低的服务器分配到过载的群集中,就能增加利润。但这同时也会提高成本,因为重新分配的服务器需要再度设定,也需要输入新服务的软件。在这段时间内(通常是5分钟左右),服务器将无法响应新进来的要求与订单。如果等候时间(停工期)过长,失望的客户就会离开,让潜在的利润消失。因此,为了让利润最大化,服务器提供者必须不断地在不同的应用软件间调度计算机系统,以适应需求量的变化。

计算获利能力的传统算法有3种。第一种是"无所不知算法":在规定时间间隔内决定前一个时段的最优分配方式;第二种是"贪婪算法":依照经验法则,假设每个时段的所有服务需求水平,到下一个时段仍维持不变;第三种是"最优静态算法":倒回去计算整个时期内服务器的最优、不变(静态)分配。

纳克拉尼及托维以蜜蜂的策略来比喻这3种算法。在他们的模型中,需求排成的队伍代表等着被采集的花丛,个别的服务器代表采蜜的蜜蜂,服务器群集表示负责采集特定花丛的蜜蜂群。摇尾舞成为模型中的"告示板",满足要求之后,服务器将以特定概率贴出一张关于这个被服务队伍特性的告示。其他服务器读到告示的概率愈高,表示它们现在服务的队伍获利愈低。基于它们自己最近的经验及张贴的告示,服务器就像观看摇尾舞的工蜂,决定是否要转换到新的队伍。从一套网络应用软件转换到另一套的成本,被比喻为蜜蜂观看摇尾舞并转换花丛所花费的时间。

模拟的结果显示,从获利能力的角度来看,蜜蜂采蜜的行为比3种算法中的2要好1%—50%,只有无所不知算法能产生较高的利润。但这个算法计算的是获利的最高上限,在现实中并不适用,原因有二:其一,假设现在就能事先确知未来的客户行为,是不切实际的;其二,计算最优分配所需的计算机资源太庞大。

说些题外话,直到1988年,美国数学家黑尔斯才证明六角形蜂窝(六角晶格)是将平面分割为相等面积的最有效率方式(参见第9篇)。但蜜蜂不是完美的,虽然它们有能力做出二维空间中的最优结构配置,但在三维空间里,备受赞美的蜂巢只是近似最优。匈牙利数学家托斯在1964年设计出的蜂巢,比蜜蜂盖蜂巢所用的蜂蜡少了0.3%。

46 谁扰乱股市？

◆ **摘要**：不同类型投资人间的互动，如何导致股市中的意外、甚至是惊人事件？还有单一投资人的投资组合，如何能在喝杯咖啡的短暂时间内发生巨大改变？

股市每天上下起伏是件再正常不过的事，但事实上，股价每分钟都有变动。每个经济系的学生，在大学一年级第一个星期的课堂上都学过——以利润最大为目标的投资人，其供给和需求决定了股票的价格。其中隐含的假设是，交易者对所有信息的反应是理性且合理的。

但金融市场有时会出现意外的波动，无法以"古典理论"来解释。2002年9月20日，伦敦证券交易所发生了重大特殊事件，当天早上10点10分，富时100指数（FTSE 100）在5分钟内从3860点上升至4060点；过了几分钟，又降至3755点。经过持续20分钟的大幅震荡后，指数终于回到最初的数字。在这次莫名其妙的波动中，有些投资人赚了数亿英镑，有些则损失了约同样的金额，而这一切都发生在不到半小时的时间内。

类似伦敦证券交易所发生的剧烈震荡以及其他较常见的定期波动,都会让观察者分别想起液体中的湍流以及吉他弦所产生的柔和的振动。因此,不出所料,物理学家觉得有必要从事能阐明股市行为的相关研究。耶路撒冷希伯来大学的所罗门(Sorin Solomon)和他的学生穆奇尼克(Lev Muchnik)开发了一个模型,用于解释一些股市中发生的难以理解的事件。

他们的模型与传统模型的差异在于,两位以色列物理学家并未假设股票交易者只有面对风险时才反应不同,他们设定了各种不同类型的投资人。然而,各类投资人在股市里的互动实在太复杂,不容易用数学公式来描述。为了厘清股市中发生的真实情形,他们观察了模拟模型一段时间,认为那是掌握股市现象的方式。

所罗门与穆奇尼克的模型,还包括了依据目前股票价格高于或低于市场价值来买卖的投资人以及几个主导市场的股市大户——他们的行动对股价有直接的影响。最后,模型中还有天真的散户,他们单纯依据过去的投资经验来做买卖决策。这个模型同时也考虑了其他因素,例如新股上市、各种市场机制等,市场的虚拟交易者各自独立自主地进行交易,但他们的集体行动决定了市场行为。

将所有变量输入计算机之后,所罗门与穆奇尼克设计了一个虚拟股市的模拟模型。这3种不同的投资人的存在是否有助于解释股市难解的波动现象?

瞧!模型果然产生了与实际股市一样的行为:减幅振荡发生了,然后忽然零星出现了剧烈的波动。这是否表示真实的股市是这3种投资人组成的?当然不能这么说,但至少该模型说明了不同类型投资人间的互动,如何能导致股市中的意外、甚至惊人事件;还有单一投资人的投资组合,如何能在喝杯咖啡的短暂时间内发生巨大改变。

47 量子计算机决定数据加密成败

◆ **摘要**：量子计算机可能让传统加密方法失效，但也可能是下一代的加密工具。

当数据在因特网中传输时，加密方法能保护个人识别码，不让别人知道，并且安全地储存医疗信息，确保在线交易机密性，允许电子投票以及验证数字签名。原则上，加密方法主要是靠数学运算的不可逆性（至少要具有难逆性）；换言之，对于某些特定的运算，没有任何算法可以在合理时间内倒算回去。

只能单一方向求解的运算称为单向函数，"单向陷门函数"是指可以反向求解的函数，但一定要有额外信息才能解出，如密钥。举例来说，两个数字相乘很容易，但要分解乘积很难，想找出解答的人必须尝试各种可能的数，直到找出不留余数的除数为止。

这就是现在素数的乘积被用来加密信息的原因：预期的收件者先选出两个素数，相乘之后公开乘积，想传送保密信息给他的人会用这个乘积来加密信息。只要乘积的数字够大，逆运算（也就是将这个乘积分解为两个素数）至今仍是不可能的，通常只有拥有密钥的收件者才知道是哪两个素数，所以能解开加密信息。大素数的乘积就是一种单向陷门函数，因为把乘积分解为两个素数是不可能的……除非已经事先知道其中一个因子。

事实上，从来没有人严谨地证明在合理时间内分解大数字是不可能的。加上市面上计算机的速度一天比一天快，不断开发出复杂的算法，使得寻找合适的密钥变得愈来愈有效率，这些发展逐渐威胁到现有的加密方法。1970年时，分解一个37位的数仍是一件轰动的大事；但如今因子分解的世界纪录已高达160位。2003年4月1日（这可不是愚人节笑话），波恩的德国联邦信息科技安全办公室的5位数学家，成功地把160位这么大的数分解成两个80位数的因子，而且目前仍在不断进行这类因子分解。美国中情局、英国军情五处或以色列摩萨德情报局是否可能已经有了寻找密钥的有效算法，只是没有透露？无论对于哪种情况，为了安全的理由，目前建议使用300位以上的数来做加密。

但有一种名为量子计算机的新科技宣称，它将威胁到300位、甚至3000位的数。与只能相继出现0、1的二进制数相反，量子能同时以一种以上的状态出现，这表示量子计算机原则上可以同时处理大量数学运算。若用传统计算机来做类似大数因子分解的计算，可能需要几个世纪，但量子计算机只需要几秒。

截至目前为止，量子计算机依然只是空中楼阁。然而，信息科技官员、网页设计者及安全专家仍在寻求更好的加密方法，使安全性不再仰赖于科技，而是凭靠自然法则。最近有两位瑞士数学家提出了一项建议，他们表示这种方法或许可以对抗量子计算机。在最近一期的《数学基础》(*Elemente der Mathematik*，专门登载瑞士数学进展有关文章)上，苏黎世瑞士联邦理工学院的斯特鲁维

(Michael Struwe)及弗莱堡大学的亨格伯勒(Norbert Hungerbühler)提出了一种加密方法,这种方法以热力学第二定律为基础。热力学第二定律是自然界最基本的原则之一,说明有些物理过程是无法逆转的。举例来说,要冲泡一杯奶咖很简单,过程是煮好咖啡、加入牛奶、搅拌,但要把奶咖分离为牛奶和咖啡却完全是不可能的。因此,冲泡奶咖就是一种单向函数——没有陷门的。

第二定律的另一个例子是热流,不妨想象一片下方有蜡烛燃烧的加热板。如果最初状况(蜡烛的位置)已知,便能轻易算出热的传导;另一方面,依据第二定律,要追踪已散布开的热的起点是完全不可能的,也就是我们无法判定加热板的哪一个部分先前曾受到烛火加热。即使知道某一时刻热能在加热板上的分布状态,也无法归纳出最初的蜡烛的位置。

亨格伯勒及斯特鲁维利用这些现象,提出了新奇的"公开密钥"加密法。假设艾丽斯想送一则加密信息给鲍伯,这两位伙伴先选择加热板下蜡烛的配置,这是他们的密钥α和β。然后,艾丽斯与鲍伯利用热流算子(H)计算一分钟后加热板上的热能分布状况(α*H和β*H,两人各算一次)。这些热能分布就是公开密钥,艾丽斯与鲍伯把它们作为导读文件公布,或通过公开渠道传送。因为热能分布只能单向计算,潜在的窃密者就算知道公开密钥,也无法推导出蜡烛的初始位置。

现在艾丽斯用保密的蜡烛配置及鲍伯的热能分布状况(α*β*H)为其信息编码,这是两组蜡烛同时放到加热板下时的热能分布状况。因为热流算子有可交换性,无论先放置哪一组蜡烛,对结果都没有影响,因此鲍伯可以用其保密的蜡烛配置,以及艾丽斯公布的热能分布状况(β*α*H)来为此信息解码,同时也能验证寄件人是艾丽斯。这种加密方式不依赖科技，而是以经典的自然法则与热力学的数学性质为基础，所以不会受到先进的计算方法的威胁。

令人遗憾的是，在可见的未来，不太可能用到热加密法。个中原因是，描述热流的数学式是连续函数，而以数字计算机计算连续函数必须截断数字。这种不可避免的舍入误差可以作为窃密者的起点，无法保证百分之百安全。具讽刺意味的是，这时量子计算机就可以挽救这种局面。1980年代中期，物理学家费恩曼（Richard Feynman, 1918—1988）及多伊奇（David Deutsch, 1953— ）指出，因为量子计算机可以有无穷的状态，所以能够凭借舍入误差达到无限小，以模拟连续的物理系统。因此，将来有一天，量子计算机可能让传统加密方法失效，但也可能是下一代的加密工具。

48 股市致胜再简单不过？

◆ **摘要**：无论在一般或重大特殊情况下，市场参与者，包括生意人、博士或一般消费者，他们所做的决策往往与理论家建立的公理相反。

1940年代，当数学家冯·诺伊曼及经济学家摩根斯特恩在普林斯顿写出对策论这部旷世经典大作时，其研究基础是根据一项公理（即基本假设）：参赛者皆为完全理性的个体。这两位科学家假设，所谓的"经济人"拥有相应环境的全部信息，即使最复杂的问题也能够在一瞬间解出，不受个人喜好或偏见的影响，总是可以做出正确的数学决定。

几年后，1988年诺贝尔经济学奖得主法国经济学家阿莱（Maurice Allais, 1911— ）发现，回答问卷时，若问卷涉及的情况概率很低而奖金很高，受访者往往会做出"错误决策"，使他们在现实生活中的决策违反传统的预期效用理论。几十年后，斯坦福大学的特沃斯基（Amos Tversky）和普林斯顿大学的卡尼曼发现，不管是在一般情况还是在重大的特殊情况下，市场参与者，包括生意人、博士或一般消费者,他们所做的决策往往与理论家建立的公理相反(卡尼曼获颁2002年诺贝尔经济学奖)。

理论家并不容易被这种理论与现实之间的矛盾击倒,他们把不按公理出牌的经济人贴上不理性的标签。科学家坚持,理论是对的,社会中总是有很大一部分人反应错误。这些经济学家没有察觉到,固执地坚持这项信念,只会与现实渐行渐远。

1978年诺贝尔经济学奖得主西蒙(Herbert Simon, 1916—2001),试图解释金融市场中的投资人行为为什么常常与对策论的预期不一致。他提出"有限理性"的理论。西蒙注意到,人们获取信息时必须负担成本、面对不确定性,因此无法像机器一样执行计算。他的发现离事实又更进了一步。但这项新发展也不是万灵丹,金融市场上观察到的异常现象愈来愈明显。输赢金额超出一般水平的次数,远比传统理论所预测的更频繁,波动程度也超过预估,过高的预期造成价格上涨。那些根本不在乎冯·诺伊曼—摩根斯特恩公理的市场玩家,屡次创造出比理性同侪更好的获利,因此科学家必须进一步寻找别的解释。

在20个世纪中,经济学家经常向其他学科寻求工具,来协助他们回答关于决策科学与金融理论的问题,而新一代金融理论中的热门学科是进化生物学。知名大学的教授们把进化金融理论当做研究重点,谣传基金经理人也在应用这个新领域里最近的研究成果。

2002年初夏,瑞士证券交易所邀请全世界的科学家与从业人员到苏黎世参加研讨会,发表他们的最新成果,而与会者不忘批评古典对策论已脱离现实。古典金融理论假设,投资人会通过聪明的投资策略,尽量极大化其长期收入的贴现值。进化理论学家则指出，投资人只不过是遵循几条历经不同状况后所得出的简单规则行事而已。

如同生物学过程，经济学家也建立了社会经济发展模型，包含选择、突变与遗传，以模拟一连串学习过程及创新的激流。在快速且一个接一个的对策中，投资策略扮演动物物种的角色，依据自然选择的原则，将资本分配给不同的策略。投资基金以可获利的策略来吸引更多资金而更加兴旺，投资策略不良的基金则最终会消失。此外，存活策略必须依循自然选择的法则，持续自我调整，以适应市场环境的变化。

最重要的问题是，哪种投资策略能在充满不确定性且经常发生灾难的环境中生存？如果几个投资策略一开始是同步运作，那么哪个策略能够长期存活？交易者对外来的意外干扰如何反应？

牛津大学的格拉芬（Alan Grafen）在会议中提出的论文，是回答这些问题的范例。在他的模型中，市场玩家被视为生物，为了自身能达到最高的适应水平，他们经受自然选择过程且依据环境及竞争者的策略来调整自己的行为。

格拉芬发现，投资代理人并不像古典理论所说的，会陷入复杂的计算当中，他们只会遵循简单的法则。如果这些法则成功了，产生令人满意的结果，他们在市场上的渗透率就会增加。在某些情况下，他们的优势反而有害，一旦弱势的策略消失，就算成功的策略也不再产生高报酬，因为没有剩下的人可供掠夺。于是成功的策略也逐渐消失，就像猎物消失之后，肉食动物因为没有猎食对象，只好走向灭绝。

49 侮辱使人不理性？

◆ **摘要**：实验结果显示，人类不仅依据铁一般的事实与个人私利的计算来做决策，也受到情绪因素的影响，例如嫉妒、偏见、利他主义、仇恨及其他种种人性的弱点。

有人答应给你同事10美元，条件是他必须与你分享这笔钱，如果你同意接受这项要求，那么你们两人都可以得到钱；但如果不同意，你们两人就什么都没有。好了，同事建议你们一人拿一半，你会接受吗？

你当然会接受！然后，你和朋友各拿一张5美元钞票，高高兴兴地回家。但如果你的同事考虑一下后，发现与人谈判交易的是他，他大可以自己留下9.5美元，只给你5角钱。那么你会接受吗？大多数人会忿忿不平地拒绝："他以为他是谁？我宁可不要这5角，也不愿意让这个混蛋由于我的原因拿走9.5美元！"

这类反应在世界各地进行的实验中已反复上演了多次，让人有些意外，因为这种现象与传统经济理论不符，毕竟拒绝这5角钱并不理性。5角钱的出价虽然不太公平，但另一个选择，也就是空手而回,结果更糟!但处于这种情况下的人,为什么会作出如此不理性的反应呢?

这种所谓的最后通牒游戏,让经济学家头痛了好几年。他们总是假设经济决策都是以理性思考过程为基础的:决策者会先计算其行动的成本与效益,权衡不同情境出现的概率,然后作出最优决策。这是经济理论的基本假设。

经过数年的最后通牒游戏实验后,呈现出的结果是:这项假设对机关团体决策(如厂商与政府机关)可能是对的,却不适用于个人决策。实验结果显示,人类不仅依据铁一般的事实与个人私利的计算来作决策,也受到情绪因素的影响,例如嫉妒、偏见、利他主义、仇恨及其他种种人性的弱点。

为了解释最后通牒游戏的矛盾结果,科学家提出了进化机制。他们的论点是,拒绝微不足道的金额可以维护个人形象。"我可不是软脚蟹!下次他要提出这种侮辱人的价格之前,叫他先想清楚!"科学家相信,长期下来,个人的社会形象或许可以增加他的生存机会。

普林斯顿大学与匹兹堡大学的研究人员采取了另一种不同的方法,希望更深一层了解最后通牒游戏的决策。他们研究了大脑中发生的生理过程。这种探讨经济决策的简化方法——纯粹基于神经元、轴突、突触及树突间的化学与力学的相互作用,是研究经济与决策理论的创新方法。

心理学家和精神病学家组成了研究小组,为19位受试者进行最后通牒游戏。这些受试者必须同时与人类及计算机竞赛,他们一一被送至磁共振造影扫描仪下,这些扫描仪会标示出大脑血流改变的部位,那表示该区的神经细胞活动增加。

根据《科学》期刊的一篇报道，他们的实验成功了，确认出了进行最后通牒游戏时大脑活化的部位。但出乎意料的是，不仅在平时思考过程中通常会活化的部位，即前额骨的后侧皮质变得忙碌，另一个与负面情绪相关的区域也活化了：出价的金额愈令人难堪，这些神经细胞活动的强度愈明显。这个所谓前脑岛，正是大脑在发生强烈反感时（如闻到或尝到厌恶的味道）会活化的区域。

他们还有另一项意外发现，就是受试者的反应会依出价对象不同而有差异，与人类的不合理出价相较，电子计算机所作出的不公平出价所引起的前脑岛活动较小，被拒绝的次数也较少。毕竟，人不会让自己被一台计算机侮辱。

50 《圣经》密码

◆ **摘要**：破解了上帝信息的消息引起了轩然大波。1997年，第一本有关《圣经》密码的畅销书上市，引起了怀疑论者的注意。

1994年，学术期刊《统计科学》(*Statistical Science*)的编辑刊出《〈创世记〉里的等距字母序列》(*Equidistant Letter Sequences in the Book of Genesis*)一文时，并不知道他们将会掀起一场超过10年的争议。作者维茨滕(Doron Witztum)、里普斯(Eliyahu Rips)及罗森贝格(Yoav Rosenberg)在文中探讨了《创世记》里是否藏有秘密信息，可以预言《圣经》完成后数千年发生的事件。

根据犹太法律，《圣经》的希伯来文文本在大量誊写时一个字也不能更动。这就是为什么今日许多人仍相信，《圣经》的内容与当初上帝在西奈山口述给摩西的内容一模一样。

3位作者相信，他们已经找到了《圣经》密码存在的统计证据：如果把《创世记》的内文沿直线排列，中间不留空格，每隔固定间隔挑出字母，就会组成有意义的字句。这些单词被称为ELSs，即"等距字母序列"(equidistant letter sequence，其间隔可以是随意的长度,有时有几千个字母)。《国家科学院院报》拒绝刊登这篇文章,但因为该文所用的数学工具看起来很不错,所以《统计科学》同意刊登。然而,这份期刊的编辑委员会并没有认真看待文中所宣称的事,还在简介中质疑它的科学有效性。他们不认为发现了传说中的《圣经》密码是一项科学成就,只是视为谜题。

3位作者表示,在《创世记》中,成对单词的ELSs位置彼此接近的概率大于纯粹的偶然。为了证明他们的论点,他们检视了66位犹太祭司的生日与祭日(在希伯来文中,以字母的组合代表数字)。不出作者所料,属于同一个祭司的ELSs对位置,明显比随机文字或指定错误日期给该祭司的时候近。他们主张,这可以证明,《圣经》很可能在这些犹太学者出生的许多世纪以前,就预测了他们的出现。美国国家安全局的解码员甘斯(Harold Gans)进一步探讨了这项分析结果。他以犹太学者曾经活跃的城市名称取代日期,而研究结果也显示,内文中ELSs对的接近并非纯粹偶然。

破解了上帝信息的消息引起了轩然大波。1997年,第一本有关《圣经》密码的畅销书上市,引起了怀疑论者的注意。澳大利亚数学教授麦凯(Brendan McKay)及来自以色列的巴希蕾(Maya Bar-Hillel)、巴纳丹(Dror Bar-Natan)、卡莱(Gil Kalai),准备揭穿他们认为的伪科学骗局。不出所料,这些怀疑论者并未发现任何关于隐藏密码的统计证据;更糟的是,他们指出,原始论文中的资料曾被"最优化",等于委婉地指控维茨滕、里普斯和罗森贝格曾调整原始资料,以配合他们的研究。受到几位统计学家的鼓励后,他们的评估发表在1999年的《统计科学》上。

如果编辑们以为风波可以从此平息,那就大错特错了,第二篇文章对辩论产生了火上加油的作用。它没能抑制《圣经》密码拥护者的热情,很快地《白鲸记》(*Moby Dick*)及《战争与和平》(*War and Peace*)中也被发现有"秘密"信息。在这种紧张的气氛下,以色列耶路撒冷希伯来大学理性中心的科学家认为,是把《圣经》密码这个问题诉诸冷静、科学的分析的时候了。他们成立了一个5人小组,负责还原事实真相,小组成员由这种密码拥护者、反对者与怀疑者组成,包括地位崇高的数学家,如奥曼(Robert Aumann, 1930—   ),他是研究对策论的数学高手和2005年诺贝尔经济学奖得主,还有遍历理论的知名专家富森贝格(Hillel Furstenberg, 1935—   )。

为什么检验一篇文本完全确定的论文如此困难?问题之一是,希伯来文没有元音,若是随意排列字母,单词出现的频率高于其他文字。随便选出一组字母,刚好可以排出一个城市名称如巴塞尔(Basle)的概率,大约是 $\frac{1}{1.2 \times 10^7}$。在希伯来文里,同样这个字 Bsl,出现的概率高了许多,约为 $\frac{1}{1 \times 10^4}$(希伯来文只有22个字母)。争议不断的另一个重要原因是,相同名称在希伯来文里有不同写法,尤其是从俄文、波兰文或德文翻译过来时。举例来说,12世纪犹太祭司哈赫西得(Rabbi Yehuda Ha-Hasid)活跃的德国城市名称应该怎么写?是Regensburg, Regenspurg还是Regenspurk?这种灵活性让研究人员准备数据库时,有许多自由度。

为了消除资料搜集过程中的疑点,5人小组指派了一些独立专家来负责编译地名。为了谨慎起见,他们的身份保密,而且所有的指令都要以书面形式给出。万事俱备后,这个小组开始工作:把所有指令撇开。这是由于给专家的指令有些是书面的,有些是口头的,还有些是错的,有些专家误解了解释,有些则犯了拼字错误,例如弄混了西班牙城市托莱多(Toledo)和土德拉(Tudela)、祭司夏拉比（Sharabi）和夏比兹（Shabazi）以及死亡地点和埋葬地点等。

接下来简直诸事不顺，初期阶段就有两名小组成员离开，剩下的3位教授中有一位拒绝在最终报告上签名。最后在2004年7月，由两位成员（奥曼与富森贝格）发表了多数报告。另外两位写了少数报告，第5位则对《圣经》密码完全失去兴趣，不想再被打扰。5位小组成员中的两位无法形成多数，而这还只是小组不协调的结果之一。

"多数报告"指出，没有统计数据可以证明《创世记》中有密码，当然这不等于说《圣经》密码不存在。少数报告则指控小组的实验充满错误，因此不具有任何意义。奥曼与富森贝格在第二次答辩时，反驳这项指控，提出了新的报告书。对于这项指控的种种批评、反驳、被告的回答、辩护，他们都准备得如上法庭般一丝不苟，资料塞满了档案夹。

各方都用上了平时学术争议中少见的谎言、假货、骗子等字眼。最初的3位作者公开赌100万美元，宣称《创世记》里的ELSs单词比托尔斯泰的《战争与和平》里的多。虽然没有人下注，但富森贝格仍要求密码拥护者设计更有意义的试验，而最切中要害的可能是奥曼的两句话："无论证据是什么，每个人还是会坚持自己最初的想法。"

The Secret Life Of Numbers

50 Easy Pieces On How Mathematicians Work And Think

By

George G. Szpiro

Copyright © 2006 by George G. Szpiro

Simplified Character Chinese edition copyright © 2017 by

Shanghai Scientific & Technological Education Publishing House

Simplified Character Chinese edition arranged with

New England Publishing Associates

ALL RIGHTS RESERVED

上海科技教育出版社业经 New England Publishing Associates 授权

取得本书中文简体字版版权

责任编辑 李 凌
封面设计 杨 静

数字的秘密生活——最有趣的50个数学故事

［美］乔治·G·斯皮罗 著

郭婷玮 译

出版发行	上海科技教育出版社有限公司
	（上海市闵行区号景路159弄A座8楼 邮政编码201101）
网　址	www.sste.com　www.ewen.co
经　销	各地新华书店
印　刷	上海商务联西印刷有限公司
开　本	635×965　1/16
字　数	142 000
印　张	13
版　次	2017年8月第1版
印　次	2024年8月第6次印刷
书　号	ISBN 978-7-5428-6602-8/O·1047
图　字	09-2011-640号
定　价	28.00元